明蒂的日日便當

IG 人氣碩士女孩的 135 道
快速 x 減脂 x 超好吃料理

明蒂 Mindy 著

MINDY'S KITCHEN

suncolor
三采文化

與大家分享
我手作便當的「癮」

遙想去年春天，我每天追著論文進度，早上九點準時到圖書館報到，晚上八九點回家，有點苦悶，日復一日。論文卡關的時候，就會開始懷疑人生。眼看著肚子上的脂肪越積越多，實在對不起新買的比基尼，於是我下定決心開始認真運動、控制飲食。然而，首先面臨的問題就是健康的外食選擇不多，吃來吃去就是那幾家。我決定開始下廚。

要煮些什麼呢？不知道大家是否跟我一樣，對於「減脂」的第一印象就是「雞胸肉」跟「水煮」，因此我的第一個便當就是乾煎雞胸肉、水煮青菜和蒸地瓜，看起來如此簡單的一個便當，我做完的當下卻是無比滿足。

然而做著做著，煎雞胸肉開始吃膩了，也因為便當菜色中缺乏適量的油脂，導致我常常到了下午覺得飢餓難耐，從不便秘的我，也開始飽受便秘之苦，我才意識到原來適量的好油是人體必要的。我開始嘗試將各種耳熟能詳的家常菜用「少油少鹽」的方式來呈現，我發現即使沒有運用傳統過油、勾芡、油炸的手法也一樣能夠做出很美味的料理，料理的方式是自己可以決定的。像是「魚香茄子」這道菜，我用泡白醋和水煮的方式取代傳統的過油，一樣能夠達到保持茄子的紫色，吃起來反而更加清爽、健康。

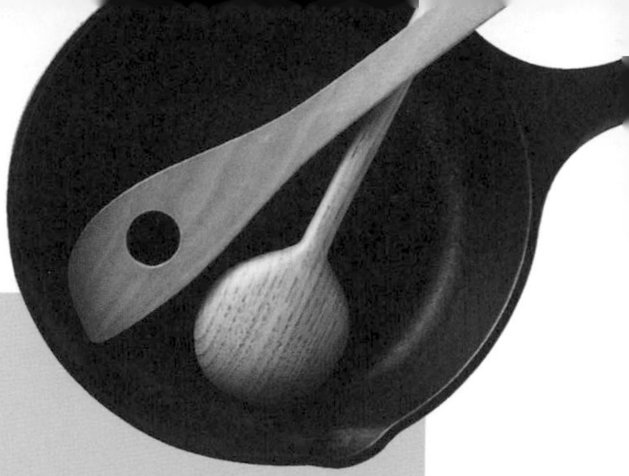

從此之後，我展開了規律的自煮人生，在繁瑣的法律文字間打轉之餘，腦中想的都是想做的菜色，最期待的是晚上九點的做便當時光，能夠暫時忘卻一天的疲憊和煩惱。每完成一個便當，我就會成就感大爆表，迫不及待拍照、跟親朋好友分享。在姐姐的鼓勵下，我決定在社群網站上創立粉絲專頁，滿足我分享手作便當的「癮」。

後來開始有人跟我說，因為看了我的貼文才開始下廚、帶便當的；也有人跟我說，每天都會來看我的貼文，決定當天的便當菜。開心之餘，我突然驚覺原來自己已經有了一點小小的影響力。於是我開始對自己有了更多的期許，希望能夠用簡單易懂的方式，讓大家感受到做菜的樂趣；同時希望能夠把健康飲食的觀念帶給更多人。這是我一直在努力實現的理念，也是這本書想要傳達給大家的。

這本書能夠順利產出，真的很不可思議，這遠比想像中困難多了！對我來說最困難的部分就是攝影，我常常花上比做菜更多的時間在拍照。過去我在經營粉絲專頁時，大多是用俯拍的，因為我不擅長構圖、抓角度，但是為了讓食譜書呈現更豐富的內容，我嘗試各種角度，有時候拍到太陽都下山了還沒拍到喜歡的圖，書裡大部分的便當我都重做、重拍過兩三次。

最後我要特別感謝我的家人和彼得這半年多來的支持與鼓勵，你們是我的最強後盾。

明蒂

Contents

CH 3
增肌減脂便當

CH 4
超豐盛營養便當

Ch1

明蒂的廚房

歡迎來到明蒂的廚房！

大家的呼喊我都聽到了:-D

只要抓住三色、四訣，

你的便當也可以馬上變得豐盛可口又漂亮。

另外，便當菜的搭配與保存

也是缺一不可的重點！

讓我們一起期待自己做便當的時刻！

擺盤技巧

（一）選擇菜色、配色

在搭配便當配色時，我大多會考量三大重點色，也就是紅／橙色、黃色及綠色，便當中如果出現這三種顏色，就會看起來非常可口，不會再死氣沉沉了！

1 **紅／橙色：**番茄、紅蘿蔔、或添加辣醬、辣椒粉的菜色等，如果有時候便當菜色中沒有紅色的元素，最簡單的方式是在最後加上一顆小番茄或紅蘿蔔絲來配色，便當就會看起來更可口喔！

2 **黃色：**黃色的食物能讓整個便當的配色更加柔和（例如蛋或雞蛋豆腐），就像是紅色跟綠色間的橋樑（彩虹的配色不是沒有道理的！）。

3 **綠色：**各類蔬菜都是綠色的，這個元素非常容易。

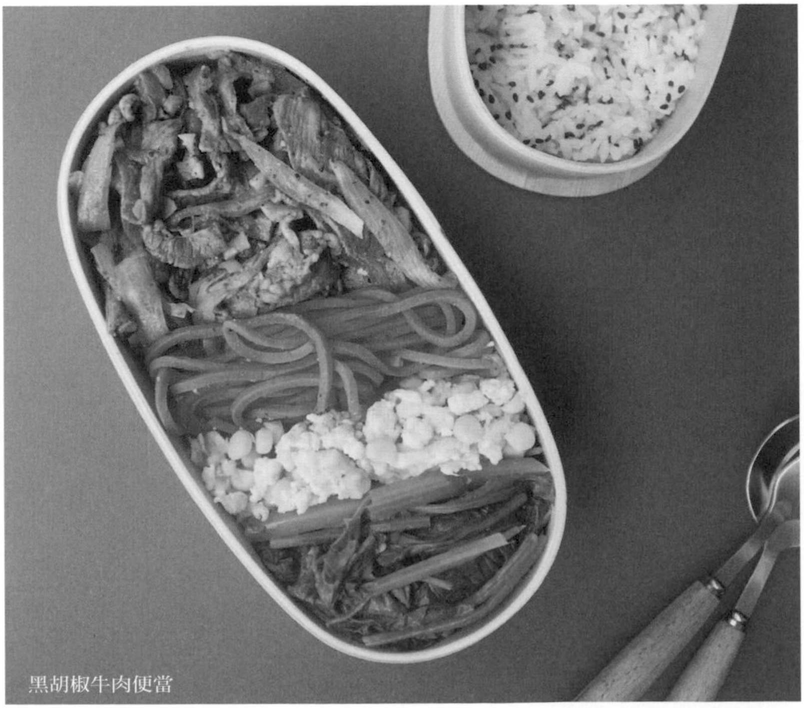
黑胡椒牛肉便當

番茄燉牛肋便當

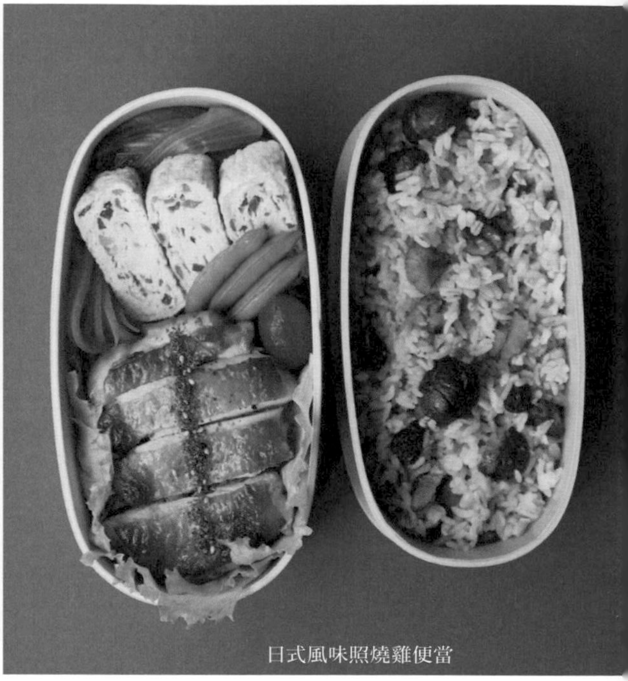
日式風味照燒雞便當

（二）擺盤細節

1【美】藏拙

為了擺盤而修剪下來的食材、烹飪失誤的不美觀料理或是比較雜亂的部分，可以運用藏拙的技巧，把這些不完整的、不好看的部分全都藏在便當底部，美觀的部分則放在放在便當上部。例如香菇梗可以放在香菇底下（三杯雞便當）、太長而修剪下來的花椰菜梗（番茄燉牛肋便當）、頭尾形狀不完整的肉（韓式泡菜雞腿捲便當）等。

2【多】攤開

如果有多個形狀相同的菜色，例如：多隻雞翅（起司馬鈴薯雞翅）、多片蛋豆腐（香菇肉燥便當/辣椒炒牛肉便當）、多塊玉子燒（日式照燒烤雞腿便當）、多片水煮蛋（番茄肉醬義大利麵）等，把它們以同樣的方向、規律的排開，會讓便當菜看起來比較豐盛、也會看起來更有層次感！

蔥燒雞腿便當

綠咖哩便當

3【滿】鋪墊

便當看起來很滿會讓人有種豐盛、滿足的感覺，然而便當裡不一定每種菜色的份量都一樣，因此要善用鋪墊的小技巧。例如炒蛋的量不多、蔬菜的量很多，就可以在炒蛋下面鋪一些蔬菜，把蛋墊高。一方面在視覺上蔬菜的面積不會過大、感覺起來不平衡，也可以讓炒蛋看起來更多（蔥燒雞腿便當）。

4【隔】分隔

菜色做分隔不但可以避免菜色全部混在一起、在視覺上也很好看，有些便當盒有分隔的功能，若沒有的話可以用生菜來分隔（章魚燒風味雞肉丸便當）；也可以用檸檬來分隔（咖哩雞胸肉便當）。如果帶咖哩類的便當可以用蔬菜隔在咖哩醬和飯的中間，避免飯被泡軟、失去口感（綠咖哩便當）。

日式雞肉親子丼便當

（三）加上裝飾

加上一些小裝飾，可以讓便當看起來不呆板，很容易取得的像是蔥（日式雞肉親子丼便當）、香草（青醬雞肉義大利麵便當）、白芝麻（蜜汁烤雞腿便當）、亞麻裸仁（美式辣雞翅便當）、七味粉（起司馬鈴薯雞翅便當）等等，舉炒紅蘿蔔絲為例，沒有裝飾的紅蘿蔔絲看起來就比較平淡，撒了一些白芝麻後就增添了不同的風味。

便當菜搭配重點

沒有什麼食物是不能吃的，重點是食材選用及烹飪方式的「搭配」，包含油脂與鹹淡的搭配！

（一）決定主菜種類和烹飪方式

	油脂多		油脂少	
食材選擇	雞	雞腿	雞	雞胸肉、里肌肉
	豬	五花肉、梅花肉	豬	胛心肉、後腿肉、里肌肉
	牛	雪花牛	牛	低脂牛
烹飪方式	炒、炸、油煎		水煮、蒸、乾煎	

（二）決定配菜烹飪方式

如果主菜的食材或烹飪方式是油脂較多的，我就會選擇用比較清淡的方式製作配菜，例如：燙青菜。用這樣的方式搭配菜色，可以平衡一餐中油量的攝取。

（三）均衡攝取營養

一般市售的便當大都容易攝取過多澱粉，蛋白質和蔬菜則是完全不夠的，例如市售便當常會出現過量的白飯，而三個配菜中可能有一個南瓜或地瓜、一個豆干或豆腐、一個青菜，這樣的搭配就攝取了過多的碳水（白飯和地瓜、南瓜都是澱粉）、過少的蔬菜。因此自己在製作便當時，要對於食材的營養素有基本的了解，這樣在便當的搭配上更能夠均衡攝取。通常我會將便當分成四大部分，第一部分是澱粉，例如白飯、糙米飯、地瓜、南瓜，通常我只會擇一，若要同時出現則應分別減量；第二部分是主菜，也就是各種肉類；第三部分是配菜，例如蛋料理、豆腐料理或菇類料理；第四部分則是蔬菜（以滷雞腿便當為例）。

便當菜保存重點

（一）為什麼便當會酸壞、腐敗？

便當酸壞跟溫度、濕度有絕大的關連，食物的溫度大約在20至50度間是最容易滋生細菌的。再者，濕度也是一個非常重要的因素，濕度越高也越容易滋生細菌。

（二）要如何避免？

1 肉類不宜半生熟

通常吃牛排大家都喜歡吃半生熟的，因為口感最好，但是在便當裡不建議製作半生熟的肉類料理，因為長時間靜置容易滋生細菌。因此要帶便當的肉類料理建議煮到全熟比較安全喔！

2 料理環境保持乾淨

料理環境要保持清潔、乾燥，煮好的熟食要跟生食分開放，避免將生食與熟食混在一起，否則生食中的微生物可能會沾到熟食上。

此外，建議要準備兩個砧板，一個專門料理生食、一個專門料理熟食，分開使用更乾淨。

3 保持雙手乾淨、手盡量勿直接接觸食物

千萬不可摸完生食、再摸熟食，否則生食上的細菌、微生物會沾到熟食上。但是在做菜時可能會手忙腳亂，管不了這麼多，因此一摸完生食就要用清潔劑洗手、且烹飪好的食物盡量不要用手去觸摸，用筷子夾取比較乾淨喔！

4 避免口水沾到食物

口水中有很多細菌，要避免讓口水沾到食物上，否則會加速食物的腐敗。因此如果要將前一天的晚餐裝成隔天午餐的便當，建議在晚餐開動前先把帶便當的菜夾出來；若晚餐用餐完畢才裝，食物已沾了口水，就會容易腐敗喔！

5 保持便當乾爽

建議將菜汁瀝乾，尤其是沒有隔板的便當盒。若保留菜汁在便當中，菜汁會流滿整個便當，使飯被泡軟、也會讓便當菜的味道混在一起，不但會降低美味度、潮濕的環境更容易加速細菌滋生喔！

或許大家都有經驗，有些菜色的汁液很難瀝乾，表面上看起來已經瀝乾，但是隔天打開便當盒，還是發現菜汁流滿了整個便當。我通常會先將會出水的菜盛盤靜置，於此同時先去做其他菜，等到菜汁都瀝到盤底再裝入便當盒。

6 放涼再蓋蓋子

便當菜必須要放涼再蓋蓋子，可以先把做好的料理放涼再裝入便當盒、也可以放入之後再放涼。如果沒有先放涼就蓋蓋子的話，把熱氣悶在裡面會產生水蒸氣，溫熱、潮濕的環境容易滋生細菌。

7 保持低溫

選擇一個好的保溫（冷）便當袋，對於便當的保存也是很重要的。建議選擇材質比較厚的，保溫（冷）的效果會比較好。此外，由於夏天過於炎熱，建議在便當袋中放入保冷劑，藉以保持便當低溫，避免食物腐壞。

快速做菜的思考邏輯

（一）KEY：耗時、需等待的動作先做

耗時的動作→ 煮飯：至少須耗時30分鐘至1小時。
醃肉：至少須耗時20至30分鐘。
燉煮：通常須耗時40分鐘至1小時。
洗菜：通常需要10分鐘。

快速的動作→ 切菜、炒菜、煎蛋等等。

通常我進廚房的第一件事就是煮飯，因為飯要煮比較久，如果先去切菜、洗菜、炒菜，會導致菜全部都做好了還不能完成便當，因為要等飯煮好。醃肉和燉煮也是一樣的道理，如果先去做切菜、燙青菜這種很快可以完成的動作，會導致醃肉和燉煮的時候只能空等。

（二）以【韓式拌飯便當】為例

以【韓式拌飯】為例，進廚房就先煮飯，再來醃豬肉。接下來可以先洗菠菜和豆芽菜，因為洗菜須要浸泡3～5分鐘，在浸泡的同時可去切紅蘿蔔絲。紅蘿蔔絲切好時，菜也浸泡完畢。接下來就可以炒紅蘿蔔絲、燙青菜、燙豆芽菜和煎蛋。完成後肉已經至少醃了20分鐘，即可下鍋煎熟。全部都完成時，飯已經煮好了，此時盛盤就完成一個便當了。

便當盒挑選重點

依據菜色決定適合的便當盒

1 造型、材質

通常挑選便當盒首先考量的重點就是便當盒的造型和材質，這是最基本、最直觀的挑選重點，也常常是大家唯一考量的重點。

市面上多數的便當盒的材質有不鏽鋼、木製、塑膠、矽膠、陶瓷、琺瑯，每種材質各有其優缺點，必須要考量到下列的重點，才能挑選到最適合自己的便當盒喔！

2 可否微波、蒸、烤、放入洗碗機

挑選便當盒最重要的就是要了解便當盒適用的加熱方式，通常便當盒的介紹中都會標示能不能微波、蒸、烤、放入洗碗機，甚至有些是盒身可以加熱、蓋子不能，都要看清楚，如果誤把不能加熱的便當盒拿去加熱，可能會產生危險、也會對身體造成不好的影響。

這個挑選重點也牽涉到烹飪方式，如果想吃熱便當，就要選能加熱的便當盒；如果吃冷便當，能挑選的便當盒就比較多樣，甚至只要是盒狀的容器，都能拿來當便當盒！所以很多日本便當都是木製便當盒，因為他們都是冷便當、不須再次加熱，並且都是比較乾爽的菜色。

3 重量及體積

便當盒的重量是很容易忽略的考量點，舉玻璃便當盒為例，它可蒸、可烤也可微波，但是很重，攜帶上較不方便；而不鏽鋼便當盒雖然不能微波，但卻非常輕巧。

因此應考量自己的需求再做選擇，例如若習慣帶加熱便當，而公司（或學校）只有微波爐，就不宜使用不鏽鋼便當盒。

4 是否完全密封

如果便當內容有湯汁、汁液一定要選有「完全密封」的，有些便當盒看起來是密封的，但其實並非完全密封，要注意便當盒的標示。

許多日本便當的菜色非常乾爽，所以日式便當盒大多不密封，但如果要帶湯湯水水的話，就要選用可完全密封的便當盒喔！

5 是否保溫

一般的便當盒都沒有明顯的保溫效果，除非是保溫罐、或是有特別標示保溫效果的便當盒。

6 是否有隔板

除非是一體成型的分隔便當盒，或是有標示完全分隔的，否則大部分有隔層的便當盒都不是完全隔開的，湯汁還是會流來流去喔！

木製便當盒

優點→
- 輕巧又漂亮、裝什麼菜都很漂亮！
- 有木頭的香氣。會吸收飯的水氣，使飯變的更Q彈。

缺點→
- 通常不密封，不能裝有湯汁的料理。
- 不耐高溫，便當不能加熱（不可蒸、烤、微波）。
- 易吸味道，使用完畢須立即清洗。
- 不耐潮濕，清洗完須立即陰乾，不適合前一晚裝好便當冰冰箱。
- 不耐刮，不可用鋼刷清洗、不可大力刷洗。

不鏽鋼便當盒

優點→ • 輕巧。

• 可蒸、烤。

• 清洗方便。

• 不易殘留食物味道及顏色。

缺點→ • 不可微波。

• 造型選擇少。

塑膠便當盒

優點→ • 輕巧且造型選擇多。

• 可微波。

缺點→ • 不可蒸、不可烤。

• 容易殘留食物味道、顏色及
油脂，清洗較為不易。

• 不耐刮，不可用鋼刷清洗、
不可大力刷洗。

注意：塑膠便當盒有各種材質，挑選時要特別注意便當盒可耐多高的溫度。

玻璃便當盒

優點→ • 加熱方便，可蒸、烤、微波。

• 不易殘留食物味道及顏色。

缺點→ • 造型選擇少。

• 重量較重。

• 易碎。

本書所有食材份量計算皆為：1大匙=15ml，1匙=5ml，1/2匙=2.5ml

食材處理小祕招

使雞胸肉軟嫩的祕密

鹽水會破壞雞胸肉的蛋白質，可以讓雞胸肉變軟嫩、不乾柴。而鹽水的濃度抓在5%最剛好，鹽巴太少效果不彰、太多則太鹹。若雞胸肉要再做其他料理(例如宮保雞丁、義大利麵)，就不需將鹽分洗掉；若是直接煎來吃，則建議將表面的鹽分沖洗掉。

- 所謂濃度5%是指，每100ml的水加入5克鹽巴。
- 浸泡時間依肉的厚度而定，整塊雞胸肉建議泡至少1小時、薄片只需泡10～20分鐘。

雞翅去骨

- **什麼樣的雞翅料理需要去骨？**雞翅去骨後，可以包入各種食材再去烹飪，像是本書中的起司馬鈴薯雞翅。

- **如何去骨？**

1 從雞翅的兩根骨頭中間開始，沿著其中一根骨頭剪到底，剪刀最前端微向骨頭的方向傾斜，可以剪的比較乾淨、也不容易刺破雞皮。

2 重複步驟1，從另外兩個角度再剪二刀。

3 將骨頭扭轉取出，以同樣方式再取出另一根骨頭。

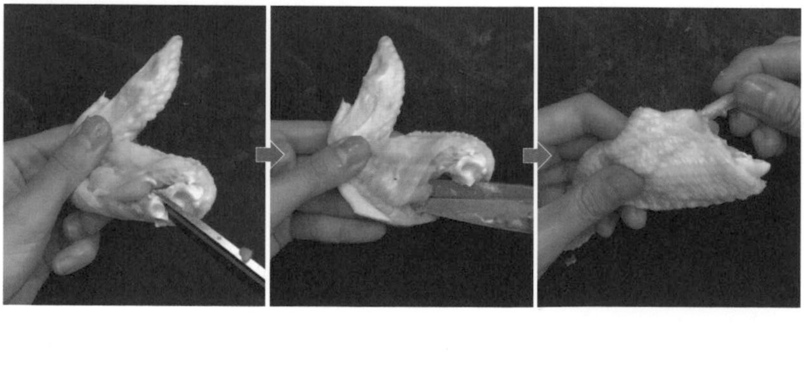

清洗蔬菜

- **主要是洗掉什麼？** 清洗灰塵與農藥
- **該怎麼洗？**

  清洗灰塵：先洗蔬菜根部，因為根部灰塵最多。洗淨後再將蔬菜放入容器中，加入自來水，用手指撥動菜葉，利用水流讓菜葉間的灰塵流出，再將水倒掉，重複3～4次，直到容器底部沒有塵土。

  清洗農藥：用流動的水沖洗蔬菜，約2分鐘。最後將蔬菜泡菜水中靜置5分鐘即可（不需浸泡太久，否則青菜的營養會流失）。

斷筋

- **什麼樣的料理須要斷筋？** 整片雞腿肉的料理需要先斷筋。
- **為什麼需要斷筋？** 斷筋可以幫助入味、也可以避免雞腿遇熱而收縮變型，烤雞腿的料理如果沒有斷筋，雞腿一遇熱就會縮起來、變小塊。雞腿捲的料理更需要斷筋，否則遇熱收縮，雞腿會捲不緊。
- **如何斷筋？**觀察雞腿肉肌肉束的方向，要逆紋切。

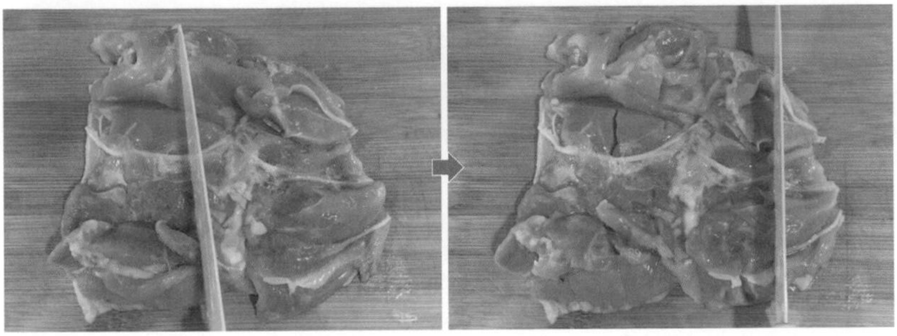

Ch2

15分鐘
超簡易便當

使用肉片、肉絲及肉末做料理，

是快速入味的好方法；

也可以透過事先醃製肉片、分裝冷藏，

需要時只要退冰就能直接料理超級省時！

本章要帶大家輕鬆完成

各式豐盛的家常菜！

此章節內的營養資訊皆以一人份計算。

總熱量
464.7
Kcal

韓式辣炒梅花豬便當

配菜▼燙菠菜（第224頁）
燙花椰菜（第224頁）
燙黃豆芽（第224頁）

想吃韓式料理
又怕太油膩時，不妨試試
這道料理。

Kcal 314.7／蛋白質(g) 14.3／脂肪(g) 10.7／碳水化合物(g) 18.1

食材 1人份

• 梅花豬肉片 75克　• 洋蔥 1/8顆　• 大蒜 2顆　• 白芝麻 適量　• 麻油 1/2匙

【調味料】 • 韓式糯米辣椒醬 2匙　• 韓式辣椒粉 1/4匙　• 米酒 2匙　• 砂糖 1/2匙

備料 將洋蔥切絲、大蒜切厚片。

作法

1 於平底鍋中倒入少許麻油，加入洋蔥、大蒜炒香，再放入豬肉片拌炒。

2 於鍋中空位處加入韓式糯米辣椒醬拌炒約20秒。

3 加入米酒、砂糖後將鍋內所有食材拌炒收汁，再撒上白芝麻即完成。

Memo

• 步驟2，辣椒醬要先炒過，香氣才會出來喔！

• 喜歡韓式料理的人一定要購入一罐韓式辣醬，只要加一點，味道就對七成了！

總熱量
768
Kcal

辣椒炒牛肉片便當

配菜▼燙菠菜（第224頁）
蝦仁炒蛋（第190頁）
醋漬蓮藕片（第210頁）

將辣椒爆香充分釋放「椒香味」，再與牛肉結合，是一道難得會想把辣椒吃光的料理。

Kcal 303.2／蛋白質(g) 14.4／脂肪(g) 14.5／碳水化合物(g) 27.3

食材 1人份

• 牛肉片 75克 • 紅辣椒 1/2根 • 青辣椒 1/2根 • 洋蔥 1/4顆 • 大蒜 2顆

【調味料】 • 醬油 2匙 • 糖 1/2匙 • 米酒 1匙 • 鹽巴 適量

備料 將洋蔥切絲；大蒜切成末；青辣椒、紅辣椒切片。

作法

1 平底鍋中倒入少許油，加入洋蔥、蒜末、紅辣椒、青辣椒炒香。

2 將牛肉片放入鍋中炒至九分熟，加入【調味料】拌炒收汁即完成。

Memo

如果喜歡吃辣一點，可以加一些朝天椒增加辣度。

總熱量
520.3
Kcal

金針菇牛丼便當

配菜▼燙菠菜（第224頁）
御飯糰造型玉子燒（第184頁）

在牛丼裡面加一點
金針菇，增加了這道料理
的口感，沒想到金針菇
跟牛丼這麼搭。

Kcal 262.9／蛋白質(g) 14.9／脂肪(g) 14.6／碳水化合物(g) 16

食材 1人份

• 牛肉片 75克 • 金針菇 1/8包 • 洋蔥 1/8顆

【調味料】 • 醬油 2匙 • 味醂 2匙 • 米酒 1/2匙 • 鰹魚粉 1/4匙

備料 將洋蔥切絲、金針菇剝小撮。

作法

1 於平底鍋中倒入少許油，加入洋蔥炒香。

2 加入牛肉拌炒，炒至九分熟時再加入醬油、味醂、米酒。

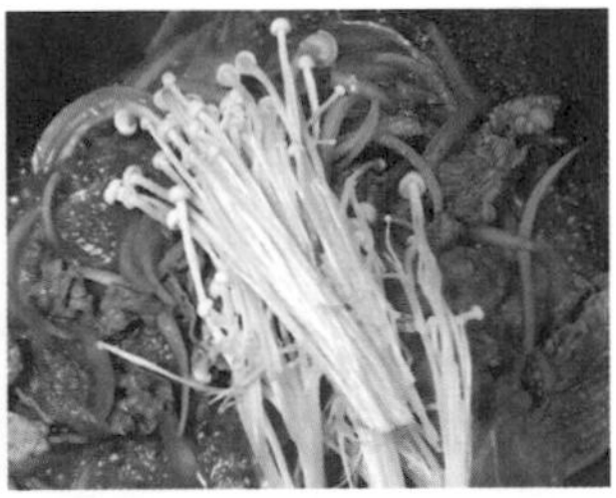

3 加入金針菇煮軟。

4 加入鰹魚粉拌勻，最後撒上七味粉即完成。

Memo

使用鰹魚粉可大幅縮短烹飪時間，若家裡有常備柴魚高湯，或有時間製作柴魚高湯的話，用柴魚高湯會更美味喔！（柴魚高湯作法詳見第246頁）

總熱量 596.7 Kcal

黑胡椒牛肉便當

配菜▼
玉米炒蛋（第189頁）
麻油炒紅蘿蔔絲（第221頁）
燙波菜（第224頁）

靈感來自平價鐵板燒，
自己做，少了濃厚的芡汁、
過多的油脂，
請一定要試試看！

Kcal 305.9／蛋白質(g) 13.7／脂肪(g) 14.5／碳水化合物(g) 25.1

食材 1人份

• 牛肉片 75克　• 洋蔥 1/8顆　• 蔥 1/2根　• 大蒜 1顆

【調味料】• 醬油 2匙　• 米酒 1匙　• 砂糖 1/2匙　• 黑胡椒 適量

備料 將洋蔥切絲；蔥切蔥花，並將蔥白及蔥綠分開；大蒜切末。

作法

1 於平底鍋中倒入少許油，加入洋蔥、蔥白、大蒜炒香。

2 加入牛肉片炒至九分熟後加入黑胡椒炒香。

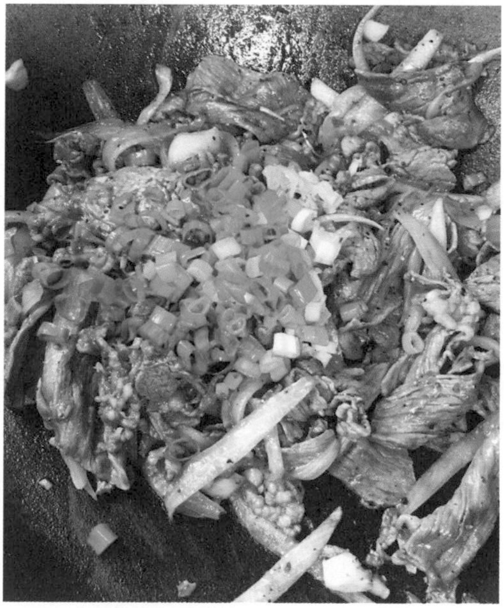

3 加入蔥綠及醬油、米酒、砂糖拌炒收汁即完成。

Memo

黑胡椒要先炒香再加入其他調味料。

薑汁燒肉便當

總熱量 609.4 Kcal

配菜▼蘑菇炒荷蘭豆（第203頁）

黑胡椒洋蔥圈（第207頁）
梅漬小番茄（第212頁）
酸甜小黃瓜（第215頁）
薑是很百變的辛香料，
磨成泥後搭配醬油和味醂，
嗆味不見，反而迸出
一股優雅的日式風味。

Kcal 155 / 蛋白質(g) 16 / 脂肪(g) 4.3 / 碳水化合物(g) 11.5

食材 1人份

• 豬肉片 75克 • 洋蔥 1/8顆

【調味料】 • 醬油 2匙 • 味醂 2匙 • 米酒 1匙 • 水 1匙 • 砂糖 1/2匙 • 薑泥 2匙

備料 將洋蔥切絲。

作法

1 平底鍋中倒入少許油，加入洋蔥炒香。

2 加入肉片炒到九分熟。

3 倒入【調味料】拌炒收汁即完成。

總熱量
497.7
Kcal

番茄炒牛肉便當

配菜▼玉米炒蛋（第189頁）
燙空心菜（第224頁）

偶然咀嚼到一口微辣的
薑絲，剛好清爽解膩，
你說薑絲是這道菜的靈魂，
一點也不為過。

Kcal 240.4／蛋白質(g) 23.2／脂肪(g) 15.1／碳水化合物(g) 9.2

食材 1人份

• 牛肉片 75克　• 番茄 1/2顆　• 蔥 1根　• 大蒜 1顆　• 薑 3克

【調味料】 • 醬油 2匙　• 番茄醬 2匙　• 米酒 1匙　• 砂糖 1/2匙

備料 將番茄切成6等分；蔥切段，並將蔥白及蔥綠分開；大蒜切末；薑切絲。

作法

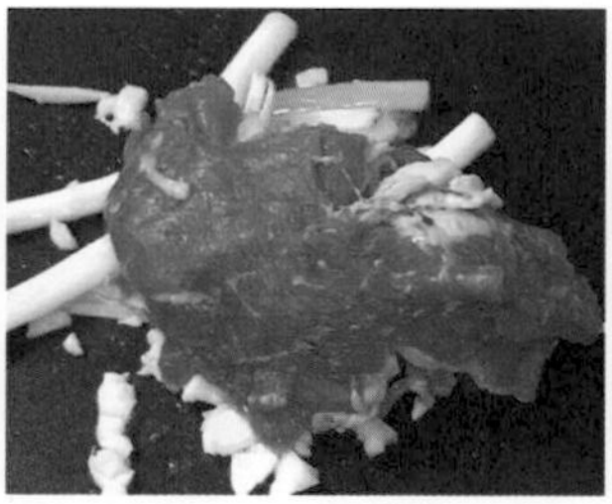

1 於平底鍋中倒入少許油，加入蔥白、薑絲、蒜末炒香。

2 加入牛肉片，炒至九分熟後取出備用。

3 加入番茄、番茄醬，先將番茄醬於鍋邊拌炒約20秒，再與番茄結合拌炒到番茄軟化。最後加入醬油、米酒、砂糖、牛肉、蔥綠拌勻即完成。

泡菜炒牛肉便當

總熱量
576
Kcal

配菜▼
燙菠菜（第224頁）
辣拌黃豆芽（第219頁）
紅蘿蔔厚蛋（第192頁）

加上清甜脆口的蘋果片，
不但能中和泡菜的酸辣，
還能增加視覺飽足感喔！

Kcal 224 / 蛋白質(g) 18.3 / 脂肪(g) 14.6 / 碳水化合物(g) 6.2

食材 1人份

• 牛肉片 75克　• 泡菜 適量　• 蘋果 1/8顆　• 蔥 1/2根

【調味料】 • 泡菜汁 1大匙　• 醬油 1匙　• 砂糖 1/2匙

備料 將泡菜擰乾、切小塊；蘋果切塊；蔥切段，並將蔥白及蔥綠分開。

作法

1 將泡菜、蔥白放入平底鍋中炒香。

2 加入牛肉片，炒至九分熟。加入【調味料】拌炒均勻。

3 加入蘋果、蔥綠拌勻即完成。

Memo

• 泡菜要擰乾、炒過香氣才會出來。
• 泡菜擰乾的泡菜汁不用倒掉，步驟2會用到。
• 若使用油脂較少的牛肉片，可酌量加油。

總熱量 490.8 Kcal

京醬肉絲便當

配菜▼燙青江菜（第224頁）
蒜炒高麗菜（第201頁）
荷包蛋（第191頁）

使用全瘦肉絲，
卻能吃到滑嫩的口感，
其實有一些小訣竅，
快來看看其中的奧妙吧！

Kcal 217.9／蛋白質（g）15.8／脂肪（g）11.5／碳水化合物（g）11.8

食材 1人份

• 豬肉絲 80克　• 蔥 1/2根　• 太白粉 1/2匙

【調味料】• 甜麵醬 1大匙　• 醬油 1/2匙　• 砂糖 1/2匙　• 水 1.5大匙

備料 將蔥切細絲。

作法

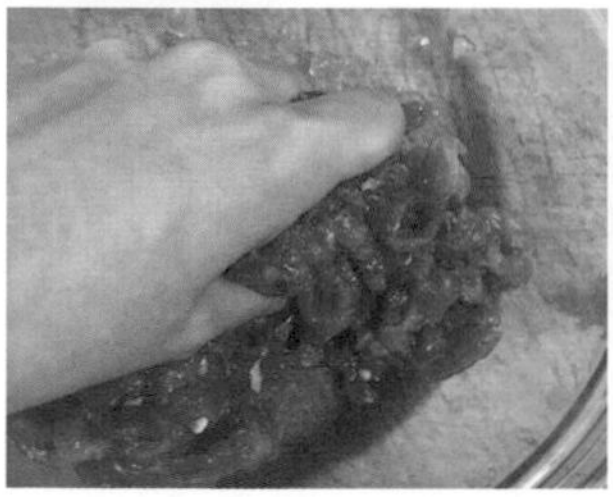

1 於肉絲中加入1大匙冷水，用手抓肉絲，水分被肉吸收後再加入1大匙冷水，以此類推，直到肉無法再吸收水分後加入太白粉拌勻。

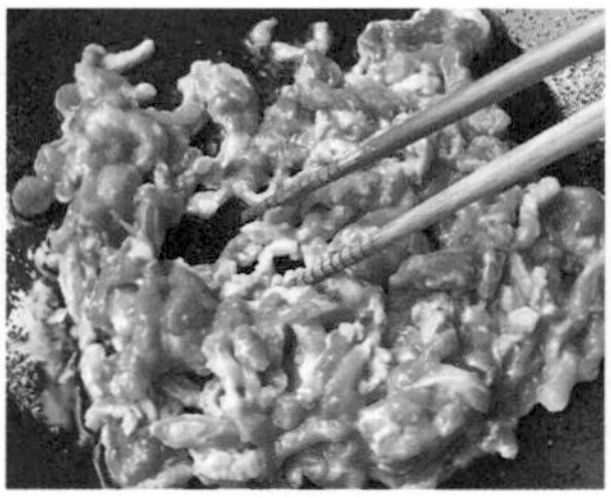

2 於平底鍋中倒入少許的油，油熱後將肉絲放入鍋中拌開，肉絲熟成時撈出備用。

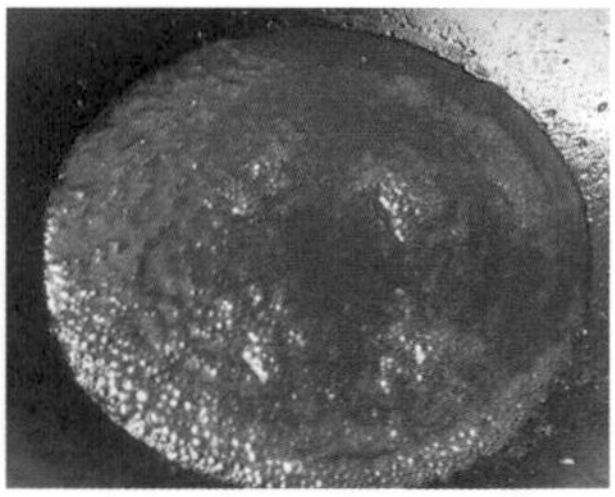

3 用少許油炒甜麵醬，甜麵醬香味出來後再加入醬油、砂糖、1.5大匙水拌勻。

4 加入肉絲拌勻、收汁，於便當盒中鋪上蔥絲、擺上肉絲即完成。

Memo

• 如果買一塊豬肉自己切絲，可選擇順紋切或逆紋切，逆紋切比較好咀嚼、外型比較不漂亮、且容易斷；順紋切則反之。這道菜的豬肉用的是「瘦肉」，只要買的是瘦肉就可以做。

• 步驟1，就是俗稱的打水，把水抓進肉裡，肉會比較嫩。

• 傳統做法會在步驟2、3使用大量的油泡肉、炒醬，我都大幅減量。

• 步驟3很重要，甜麵醬這種罐頭醬料在大多數的料理都要先炒，番茄醬也是一樣的！

總熱量
605.6
Kcal

蔥爆牛肉便當

配菜▼
玉米厚蛋（第192頁）
梅漬小番茄（第212頁）
燙小白菜（第224頁）
燙甜豆（第224頁）

到熱炒店必點的料理，
在不裹粉、不過油的情況下，
如何使牛肉不乾柴，
就是一門學問！

Kcal 236.4 / 蛋白質(g) 15.6 / 脂肪(g) 14.5 / 碳水化合物(g) 7.1

食材 1人份

• 牛肉絲 75克　• 蔥 1根　• 薑 2克

【調味料】 • 白胡椒 適量　• 醬油 2匙　• 砂糖 2匙　• 米酒 1匙

備料 將蔥切段，並將蔥白及蔥綠分開；薑切絲。

作法

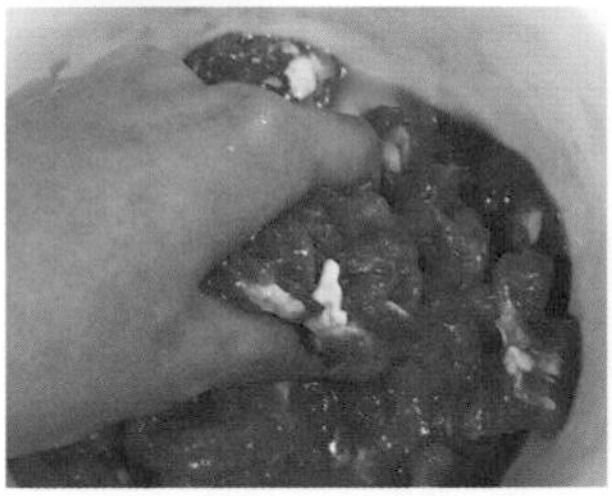

1 於肉絲中加入1大匙冷水，用手抓肉絲，水分被肉吸收後再加入1大匙冷水，以此類推，直到肉無法再吸收水分後加入太白粉拌勻，俗稱打水。

2 於平底鍋中倒入少許的油，加入蔥白、薑絲炒香。

3 加入牛肉絲，拌炒至九分熟。

4 加入蔥綠、【調味料】拌炒收汁即完成。

泰式打拋豬便當

總熱量 456.9 Kcal

配菜▼太陽蛋（第191頁）
燙小白菜（第224頁）
燙菠菜（第224頁）

到泰式餐廳必點的料理，
在家也能輕鬆完成，
只要加入適量魚露，
讓你一秒到泰國！

Kcal 205 / 蛋白質(g) 15 / 脂肪(g) 11.5 / 碳水化合物(g) 6

食材 1人份

• 豬絞肉 75克　• 小番茄 3顆　• 辣椒 1/2根　• 大蒜 2顆　• 九層塔 適量

【調味料】 • 醬油 2匙　• 米酒 1匙　• 砂糖 1/2匙　• 魚露 2匙

備料 將小番茄切半、辣椒切小段、大蒜切末、九層塔取葉子的部分。

作法

1 將豬絞肉放入鍋中炒熟。

2 加入大蒜、辣椒炒香後，再加入【調味料】拌炒收汁後關火。

3 加入小番茄炒至軟化後，放入九層塔快速拌勻即完成。

Memo

九層塔易黑，不宜太早放，整道料理完成後再拌入即可。

四季豆炒肉末便當

總熱量 413.9 Kcal

配菜▼太陽蛋（第191頁）
燙菠菜（第224頁）

口味很像乾煸四季豆，
非常下飯，
平時不愛吃飯的姊姊，
三兩口就把飯吃光光了！

Kcal 192 / 蛋白質(g) 14.9 / 脂肪(g) 11.5 / 碳水化合物(g) 3.9

食材 1人份

• 豬絞肉 75克　• 四季豆 適量　• 大蒜 2顆　• 薑 3克

【調味料】 • 白胡椒 適量　• 醬油 2匙　• 米酒 1匙　• 砂糖 1/4匙

備料

將大蒜及薑切末、四季豆切小段。

作法

1 將豬絞肉放入平底鍋中炒熟後，加入大蒜及薑炒香。

2 加入四季豆炒軟。

3 加入醬油、米酒、砂糖拌炒收汁，最後撒上白胡椒即完成。

總熱量
464.6
Kcal

蒼蠅頭便當

配菜▼燙小白菜（第224頁）

酸甜小黃瓜（第215頁）

椒鹽香菇（第198頁）

這道料理
是我從小吃到大的家常菜，
配飯、配粥、拌麵
都超級美味。

Kcal 213.9 / 蛋白質(g) 15.3 / 脂肪(g) 12 / 碳水化合物(g) 6.9

食材 1人份

• 豬絞肉 75克 • 大蒜 2顆 • 辣椒 1/4根 • 韭菜花 適量 • 薑 3克 • 豆豉 2匙

【調味料】 • 醬油 2大匙 • 米酒 1匙 • 砂糖 1/4匙

備料

將韭菜花切小段、大蒜及薑切末、辣椒切小段。

作法

1 將豬絞肉放入平底鍋中炒至熟成。

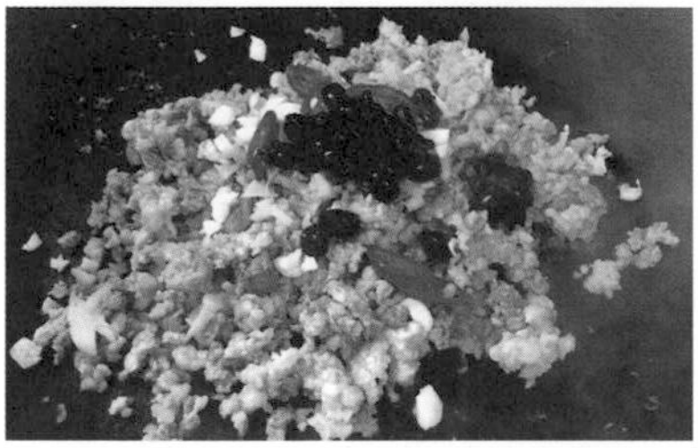

2 加入大蒜、薑、辣椒、豆豉炒香。

3 加入韭菜花、【調味料】拌炒收汁即完成。

Memo

韭菜花炒太久會變黃且失去口感，因此簡單拌炒即可起鍋。

這是一道
非常適合帶便當的料理，
沒有湯湯水水
也能吃到美味日式咖哩！

總熱量
484.6
Kcal

日式乾咖哩三色便當

配菜▼燙菠菜（第224頁）蛋鬆（第187頁）

Kcal 259.5／蛋白質(g) 21.1／脂肪(g) 14.7／碳水化合物(g) 10.6

食材 1人份

• 豬絞肉 100克　• 紅蘿蔔 1/4根　• 洋蔥 1/4顆　• 大蒜 2顆

【調味料】 • 肉桂粉 少許　• 白胡椒 少許　• 紅椒粉 少許　• 醬油 1匙
• 市售咖哩塊 1/2塊

備料

將洋蔥及紅蘿蔔切碎、大蒜切末，咖哩塊用溫水溶開。

作法

1 於平底鍋中放入少許奶油，加入洋蔥、紅蘿蔔、大蒜以中小火炒香。

2 加入豬絞肉拌炒至熟成。

3 最後加入溶好的咖哩塊及【調味料】拌炒收汁即完成。

Memo

步驟1要用小火慢慢把洋蔥及紅蘿蔔炒到呈現金黃色，香氣才夠，勿用大火容易燒焦。

總熱量
532
Kcal

魚香茄子便當

配菜▼燙大陸妹（第224頁）
紅蘿蔔厚蛋（第192頁）
麻油炒紅蘿蔔絲（第221頁）

用水煮茄子取代過油的方式，一樣能保有鮮紫色，整道料理也變得更加清爽、無負擔。

Kcal **199.5** / 蛋白質(g) **16.2** / 脂肪(g) **11.4** / 碳水化合物(g) **8.7**

食材 1人份

• 豬絞肉 75克　• 茄子 1/2根　• 大蒜 2顆　• 薑 3克　• 蔥 1/2根　• 白醋 2匙
• 太白粉 1/4匙　• 麻油 少許
【調味料】 • 辣豆瓣醬 2匙　• 醬油 2匙

備料

- 將大蒜、薑切末、蔥切蔥花。
- 調製太白粉水：將太白粉放入碗中，加入1大匙冷水拌勻。
- 將茄子切小段後再切半放入碗中，加入白醋及100ml冷水浸泡約30秒。
- 煮一鍋水，水中加入少許鹽及油，將茄子皮朝下放入水中滾煮2分鐘，撈起備用。

作法

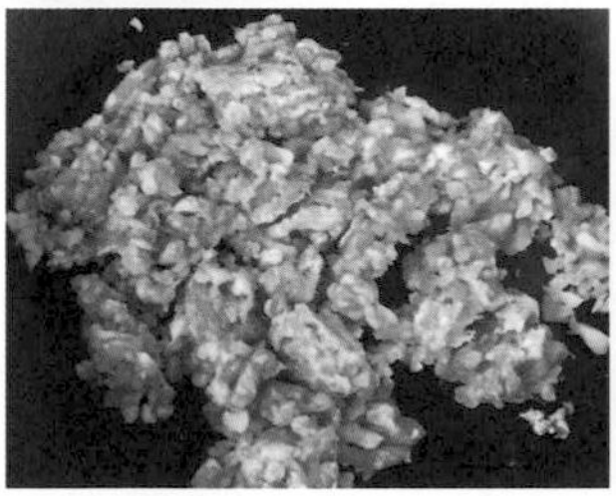

1 於平底鍋中倒入少許麻油、葵花油，加入蒜末及薑末炒香後再加入豬絞肉拌炒至熟成。

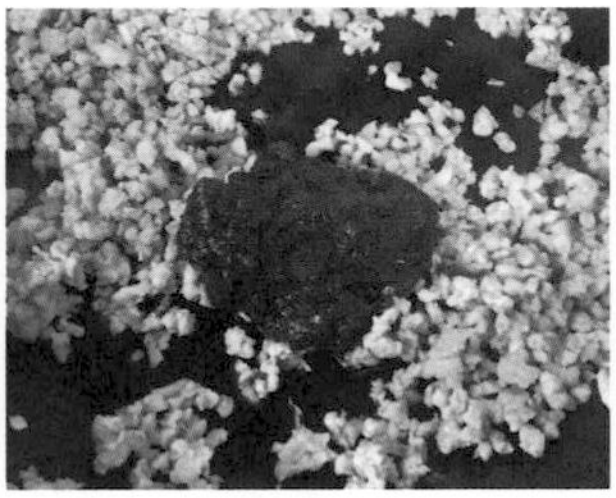

2 加入辣豆瓣醬拌炒至香味出來。

3 加入100ml冷水、醬油、茄子滾煮，2分鐘後關火，最後加入太白粉水拌勻、撒上蔥花即完成。

Memo

- 先將太白粉水調勻才不會導致勾芡結塊，若事先調好，倒入前要再攪拌一下。
- 茄子浸泡醋水可以防止茄子氧化變黑。
- 水煮茄子時，茄子皮要全程在水面下，避免皮接觸空氣導致氧化、變黑。也可以用一個碗倒扣蓋住茄子，防止茄子露出水面。
- 步驟2，辣豆瓣醬先炒過顏色及香味都會更突出。

總熱量 655 Kcal

麻婆豆腐便當

配菜▼
紅蘿蔔厚蛋（第192頁）
麻油炒紅蘿蔔絲（第221頁）
燙大陸妹（第224頁）

增加肉末的量，
不但能攝取足夠的蛋白質，
更大幅減少芡汁的量，
營養更加分！

Kcal **322.5** / 蛋白質(g) **30** / 脂肪(g) **19.4** / 碳水化合物(g) **6.5**

食材 1人份

• 豬絞肉 75克 • 板豆腐 1/2盒 • 蔥 1/2根 • 大蒜 2顆 • 薑 3克
• 花椒粒 1/2匙 • 太白粉 1/4匙 • 麻油 少許
【調味料】 • 辣豆瓣醬 1大匙 • 醬油 1匙

備料

- 將板豆腐切小塊，放入沸騰的鹽水中滾煮2分鐘，撈起備用。
- 將大蒜、薑切末、蔥切蔥花。
- 調製太白粉水：將太白粉放入碗中，加入1大匙冷水拌勻。

作法

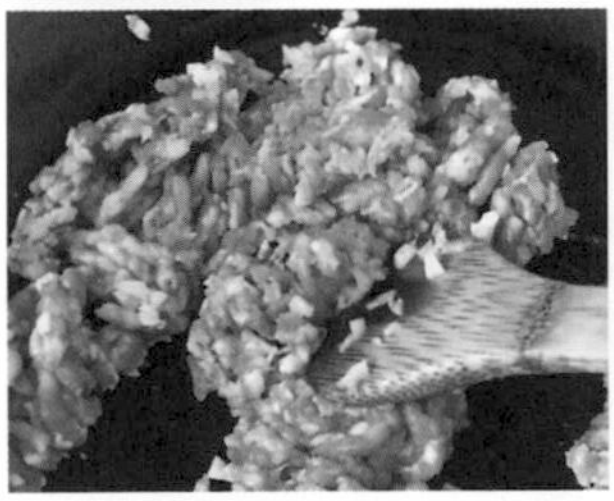

1 於平底鍋中放入少許麻油、葵花油，加入蒜末、蔥末、花椒粒炒香，再加入豬絞肉拌炒至熟成。

2 加入辣豆瓣醬拌炒至香味出來。

3 加入100ml冷水、醬油、豆腐滾煮，2分鐘後關火，最後加入太白粉水拌勻，撒上蔥花即完成。

Memo

- 先將太白粉水調勻才不會導致勾芡結塊，若事先調好，倒入前要再攪拌一下。
- 若不喜歡花椒粒的口感，可以於步驟1先以中小火爆香花椒粒，香味出來後將花椒粒瀝掉再爆香蒜末及薑末。
- 步驟2，辣豆瓣醬先炒過顏色及香味都會更突出。
- 步驟3，豆腐容易碎，建議以推動的方式來攪拌。

總熱量
455.4
Kcal

味噌燒肉末便當

配菜▼
燙大陸妹（第224頁）
番茄炒蛋（第188頁）

味噌的鹹香
搭配上洋蔥和青蔥的清甜，
簡單快速的味噌燒肉末
輕鬆上桌！

Kcal 223.7／蛋白質(g) 16.5／脂肪(g) 11.4／碳水化合物(g) 14.6

食材 1人份

• 豬絞肉 75克　• 洋蔥 1/4顆　• 蔥 根

【調味料】 • 味噌醬 2匙　• 米酒 2匙　• 醬油 1/2匙　• 味醂 1/2匙

備料 將洋蔥切碎；蔥切蔥花，並將蔥白及蔥綠分開。

作法

1 平底鍋中倒入少許油，放入洋蔥、蔥白炒香。

2 加入豬絞肉炒至熟成。

3 加入【調味料】滾煮收汁。

4 加入蔥綠、白芝麻拌勻即完成。

總熱量
493.1
Kcal

三杯雞便當

配菜▼
燙小白菜（第224頁）
椒鹽香菇（第198頁）

改用去骨雞腿肉，
並且將大蒜切片，
大幅縮短烹煮時間，
美味快速上桌！

Kcal 311.8／蛋白質(g) 29.5／脂肪(g) 14.1／碳水化合物(g) 12.6

食材 1人份

• 去骨雞腿排 1片（約150克）　• 薑 6克　• 大蒜 3顆　• 辣椒 1/3根
• 九層塔 適量　• 麻油 少許

【調味料】 • 米酒 1大匙　• 醬油 1.5大匙　• 砂糖 1匙　• 麻油 少許

備料

• 將去骨雞腿排斷筋（參照第23頁）。
• 薑切片、大蒜切片、辣椒切小段、九層塔取葉子的部分。

作法

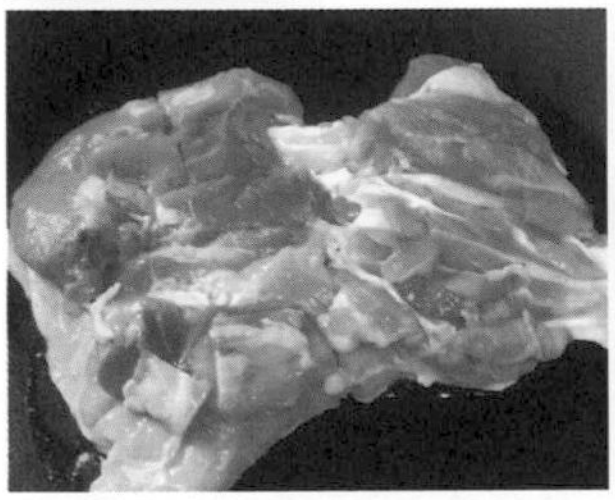

1 將去骨雞腿排皮朝下，放入平底鍋中煎至焦黃，翻面再煎至焦黃，取出切塊備用。

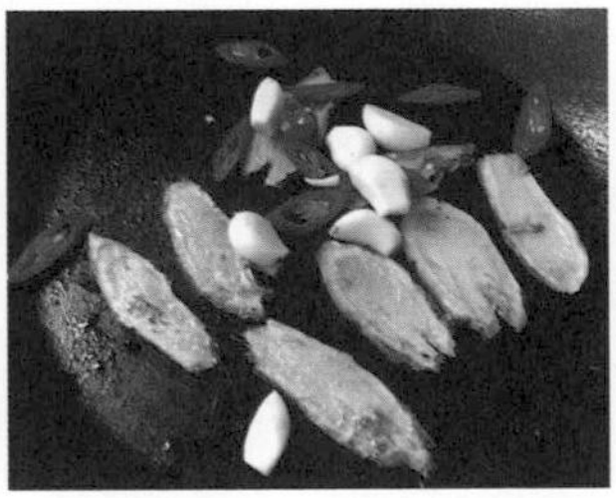

2 將鍋內的油擦掉，加入麻油、薑片，用小火將薑片煸到乾乾的。再加入蒜片、辣椒炒香。

3 加入雞腿塊及【調味料】拌炒。

4 收汁後關火，加入九層塔再拌一下即完成。

Memo

• 步驟1，會把雞皮中的油脂逼出來，在進行步驟2前可以將過多的油脂擦掉，減少油脂攝取。
• 煸薑片要用溫火去煸，用大火的話，麻油會苦。
• 三杯雞的薑片一定要煸的乾乾的才好吃喔！
• 薑比較耐煮，所以先煸薑、再下蒜頭跟辣椒。

總熱量
501.5
Kcal

左宗棠雞便當

配菜▼燙菠菜（第224頁）

結合酸、辣、甜
的一道料理，將傳統油炸的
方式改為香煎，
一樣能完美吸附醬汁。

Kcal **321.5**／蛋白質(g) **29.9**／脂肪(g) **14.1**／碳水化合物(g) **14.8**

食材 1人份

・去骨雞腿排 1片（約150克）　・大蒜 2顆　・辣椒 1根

【調味料】・醬油 1.5大匙　・米酒 1大匙　・糖 1/2匙　・白醋 1/2匙
・番茄醬 1大匙　・水 2大匙

備料 將去骨雞腿排斷筋（參考第23頁）；大蒜切片；辣椒切段後剖半。

作法

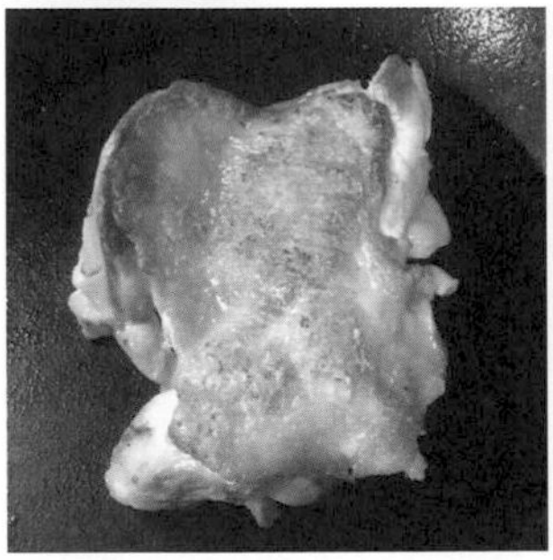

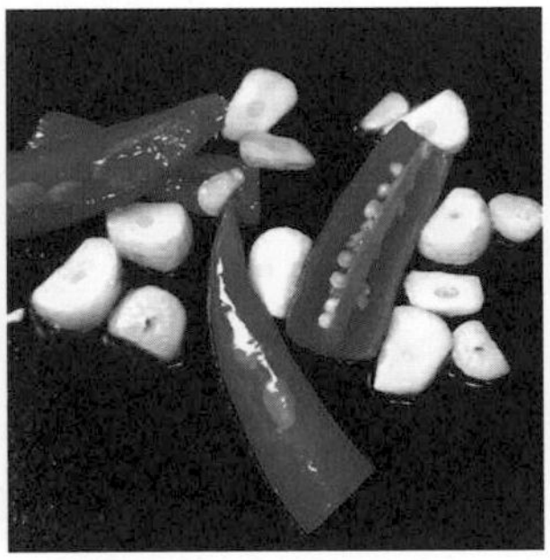

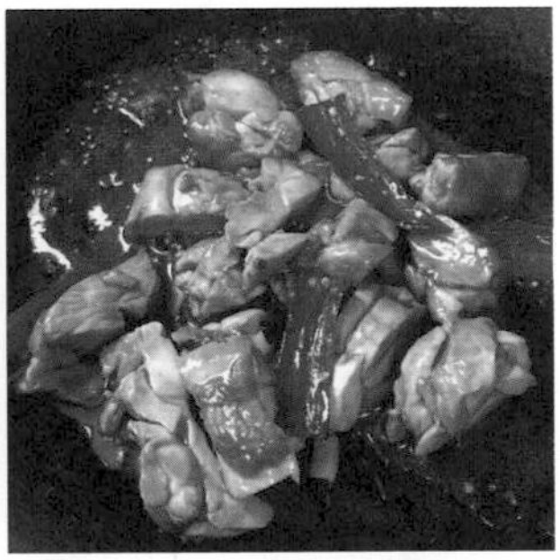

1 將去骨雞腿排皮朝下放入平底鍋中煎至焦黃，翻面再煎至焦黃，取出切成條狀備用。

2 將鍋內多餘的油擦乾後，加入大蒜及辣椒放入鍋中炒香。

3 放入雞肉及【調味料】拌炒收汁即完成。

Memo

・如果怕辣的話，備料時可以將辣椒去籽。
・步驟1，會把雞皮中的油脂逼出來，在進行步驟2前可以將過多的油脂擦掉，減少油脂攝取。

總熱量
430.6
Kcal
川味辣雞便當
配菜▼燙菠菜（第224頁）
這是一道豪邁的料理，
洋蔥、蒜頭大塊的切，
結合花椒、乾辣椒、黑胡椒
調味，美味開動！

Kcal 280.6／蛋白質(g) 29.7／脂肪(g) 13.5／碳水化合物(g) 11.9

食材 1人份

• 去骨雞腿排 1片（約150克） • 洋蔥 1/2顆 • 大蒜 2顆 • 乾辣椒 7根 • 花椒粒 適量

【調味料】 • 黑胡椒 適量 • 鹽巴 適量

備料

• 將去骨雞腿排斷筋（參照第23頁）、抹鹽。
• 將洋蔥切塊、乾辣椒切半、大蒜切片。

作法

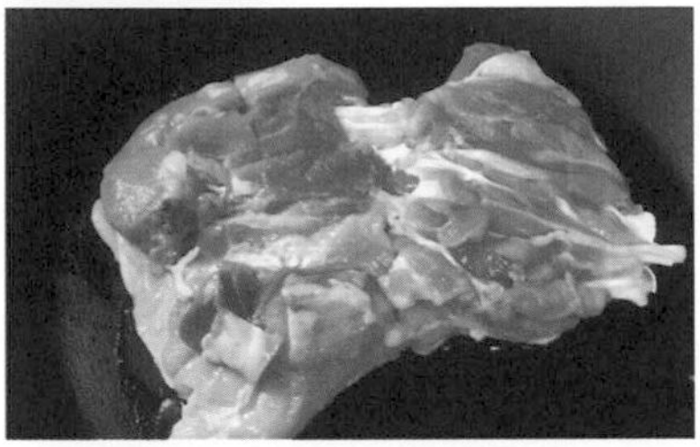

1 將去骨雞腿排皮朝下煎至焦黃，翻面再煎至焦黃，取出切塊備用。

2 平底鍋中放入2匙油及花椒粒，以小火炒香。加入大蒜、乾辣椒炒香。

3 加入雞腿及【調味料】拌炒即完成。

Memo

步驟2，不可用大火，否則花椒容易燒焦變苦。

總熱量 790 Kcal

日式風味照燒雞便當

配菜▼梅漬小蕃茄（第212頁）麻油炒紅蘿蔔絲（第221頁）三色玉子燒（第182頁）燙甜豆（第224頁）燙大陸妹（第224頁）

主食▼栗子炊飯（第227頁）

Kcal 304 ／蛋白質（g）28 ／脂肪（g）14 ／碳水化合物（g）12

食材 1人份

- 去骨雞腿排 1片……（約150克）
- 七味粉……適量

【醃料】

- 味醂……1大匙
- 醬油……1大匙
- 米酒……1匙

作法

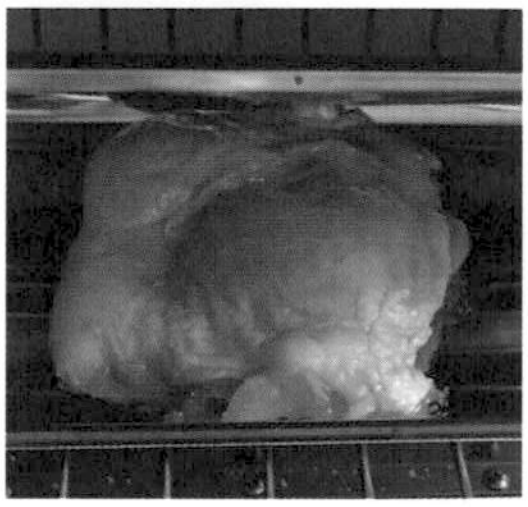

烤箱預熱200度，取出醃好的雞腿排放入烤箱中烤10分鐘。再將烤箱溫度提高至250度烤5分鐘。烤好的雞腿排皮朝下切塊即完成。

Memo

- 將去骨雞腿排斷筋（參照第23頁）、用叉子在雞肉背面戳洞、加入【醃料】後分裝放入冷凍庫保存，要吃的時候取出退冰。
- 事先將肉片醃製保存，可大幅節省烹飪時間。（第64到67頁都可參考此方法）

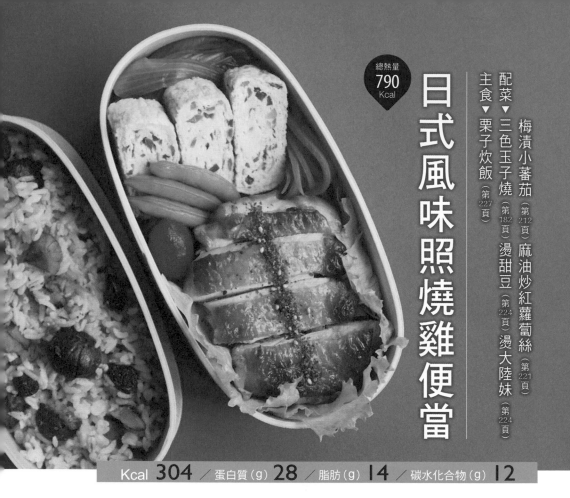

總熱量 604.9 Kcal

味噌烤雞腿便當

配菜▼

燙玉米筍（第224頁）燙青花菜（第224頁）

麻油炒紅蘿蔔絲（第221頁）

御飯糰造型玉子燒（第184頁）

Kcal 314／蛋白質（g）30／脂肪（g）14.8／碳水化合物（g）11.6

食材 1人份

- 去骨雞腿排 1片 ……（約150克）
- 白芝麻 …… 適量

【醃料】

- 味噌醬 …… 1大匙
- 味醂 …… 1匙
- 醬油 …… 1匙
- 米酒 …… 1匙

作法

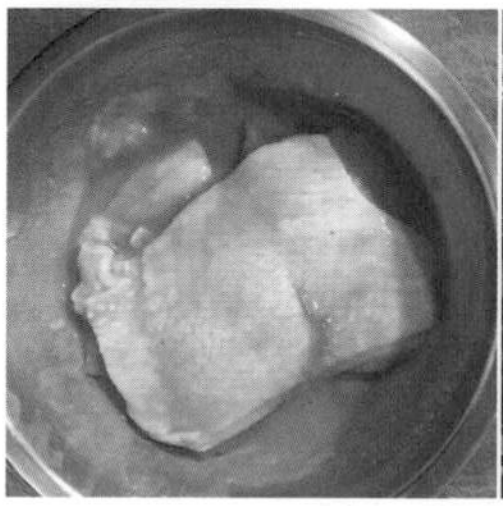

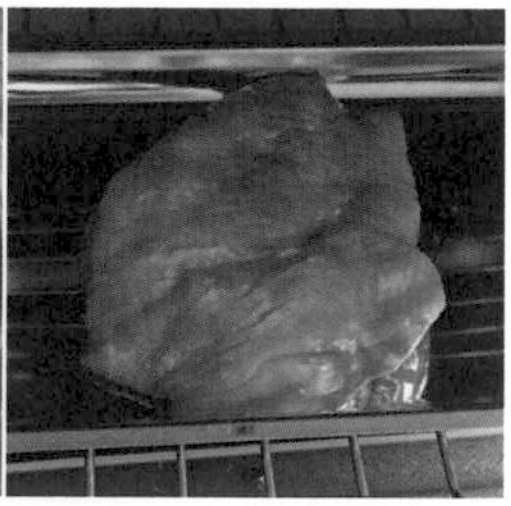

烤箱預熱200度，取出醃好的雞腿排放入烤箱中烤10分鐘。再將烤箱溫度提高至250度烤5分鐘。烤好的雞腿排皮朝下切塊即完成。

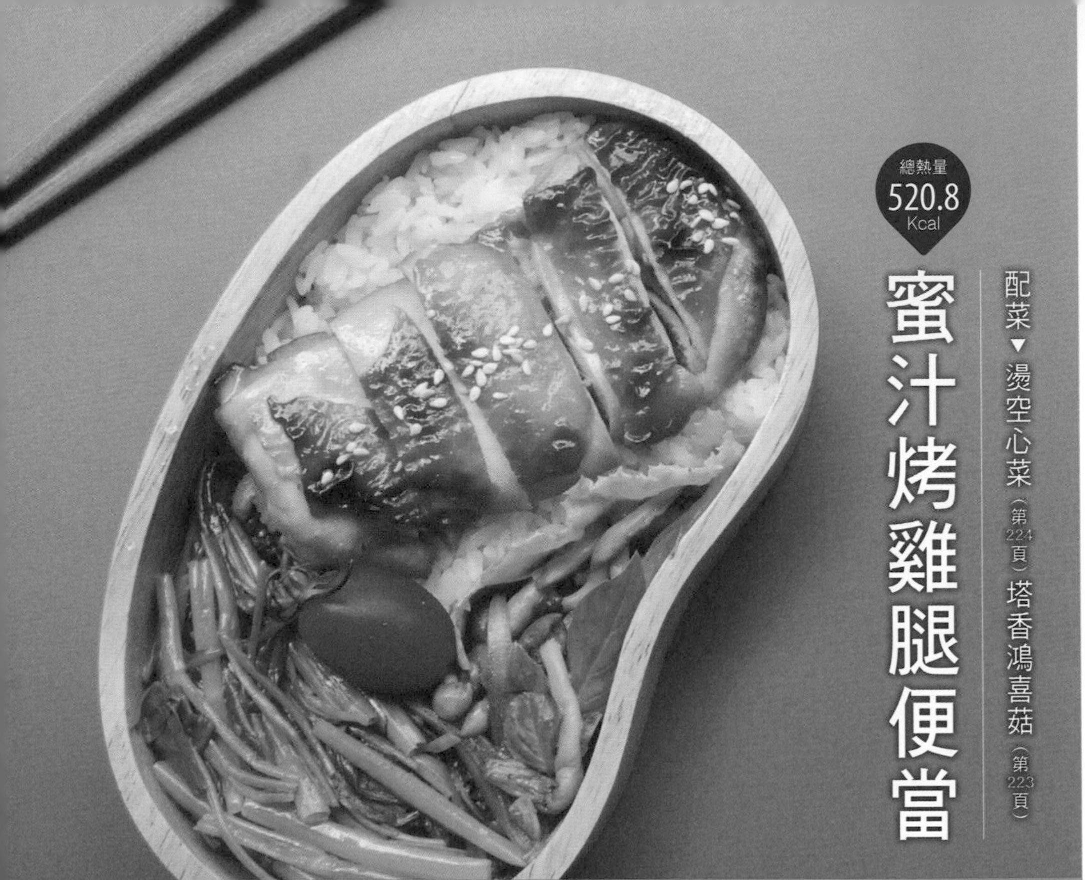

總熱量
520.8
Kcal

蜜汁烤雞腿便當

配菜▼燙空心菜（第224頁）塔香鴻喜菇（第223頁）

Kcal 327 ／蛋白質（g）28 ／脂肪（g）14 ／碳水化合物（g）12.6

食材 1人份

- 去骨雞腿排 1片 ……（約150克）
- 白芝麻 …… 適量

【醃料】

- 蜂蜜 …… 2匙
- 醬油 …… 1大匙
- 米酒 …… 1匙
- 香油 …… 1/2匙
- 番茄醬 …… 1/2匙

作法

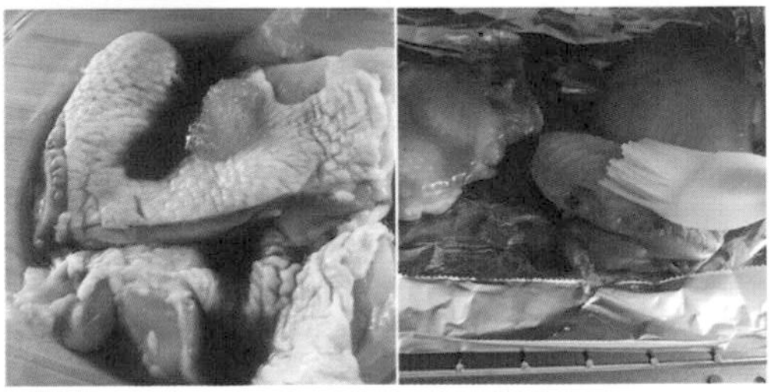

烤箱預熱200度，將醃好的雞腿排放入烤箱中，以200度烤8分鐘後將雞腿排取出，於表面塗上一層蜂蜜。再將烤箱溫度升高至250度，烤3分鐘後取出塗上一層蜂蜜，再烤3分鐘。將烤好的雞腿排取出，皮朝下切塊，最後撒上白芝麻即完成。

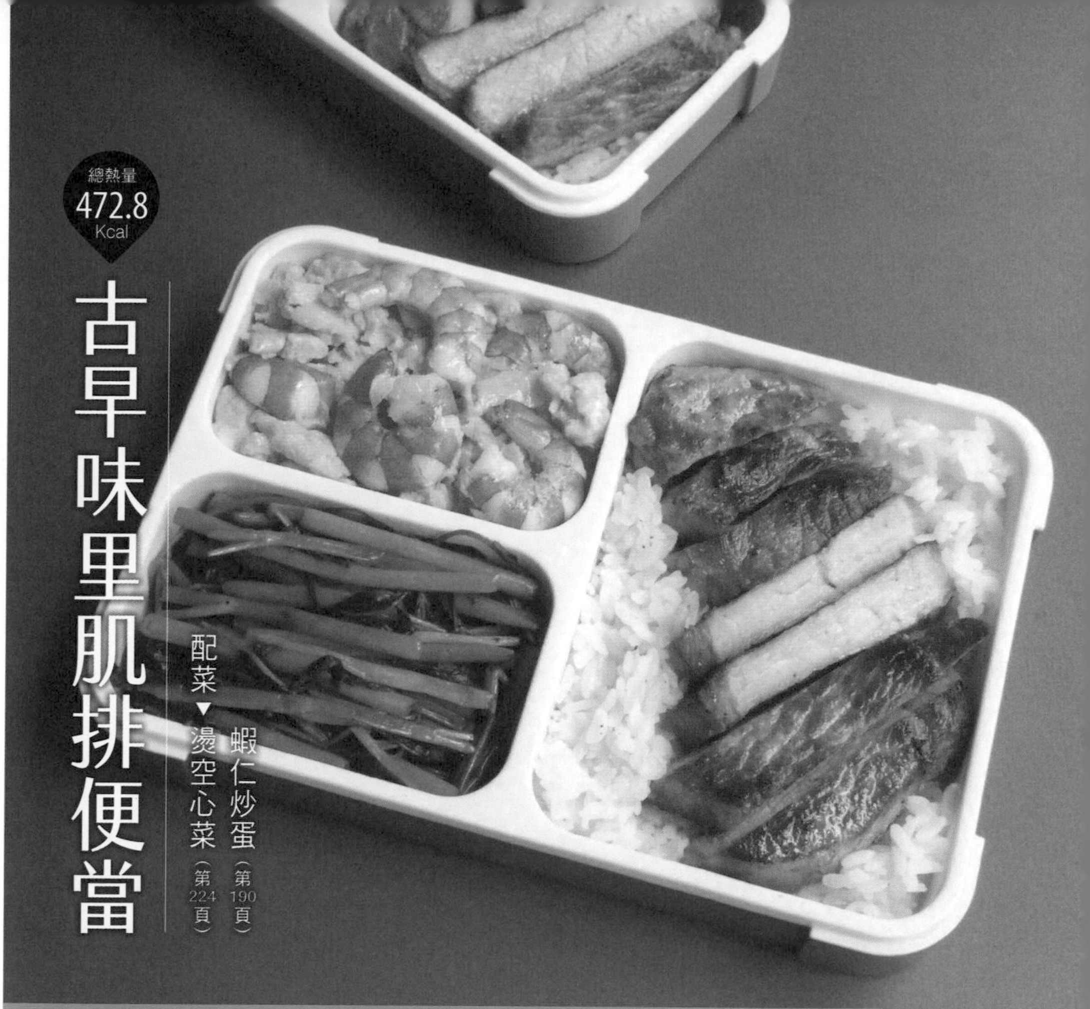

總熱量 472.8 Kcal

古早味里肌排便當

配菜▼
蝦仁炒蛋（第190頁）
燙空心菜（第224頁）

Kcal 244.5／蛋白質（g）20.4／脂肪（g）14.4／碳水化合物（g）7.2

食材 1人份

- 豬里肌……1片（100克）

【醃料】

- 五香粉……少許
- 胡椒粉……少許
- 大蒜……1顆
- 醬油……1匙
- 砂糖……1匙

作法

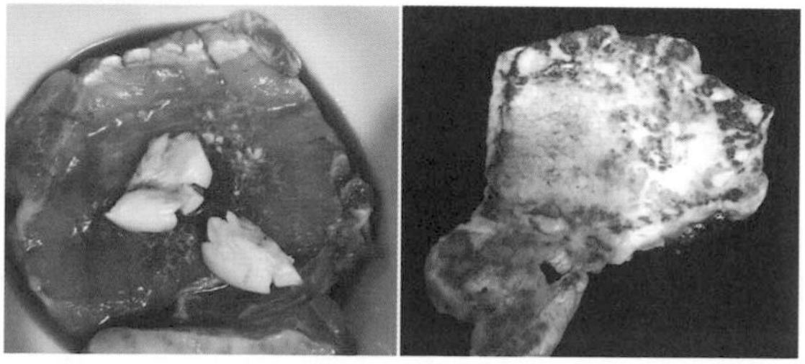

1 用叉子將里肌肉斷筋（參照第23頁）、戳一些洞備用。將【醃料】加入豬里肌中，靜置至少30分鐘。

2 平底鍋中抹少許油，將豬里肌下鍋煎至兩面焦黃後，熄火、蓋上鍋蓋靜置10分鐘即完成。

蔥燒雞腿便當

總熱量
596.7
Kcal

配菜▼原味玉子燒（第178頁）
燙荷蘭豆（第224頁）
麻油炒紅蘿蔔絲（第221頁）

主食▼藜麥糙米飯（第232頁）

消滅用不完的蔥
就是這道料理啦！焦香脆口
的雞腿肉配上清甜的蔥花，
令人食指大動！

Kcal 272.3 ／蛋白質(g) 30 ／脂肪(g) 13.1 ／碳水化合物(g) 8.9

食材 1人份

• 去骨雞腿排 1片（約150克） • 蔥 3根 • 辣椒 1/2根

【調味料】 • 白胡椒 適量 • 鹽巴 適量

備料

• 將去骨雞腿排斷筋（參照第23頁）、抹鹽。
• 蔥切蔥花，並將蔥白及蔥綠分開；辣椒切小段。

作法

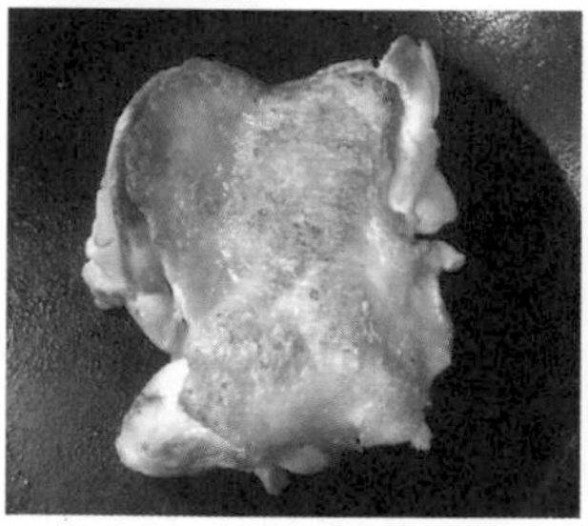

1 將去骨雞腿排皮朝下放入平底鍋中，將雞皮煎至焦黃，翻面再煎至焦黃，取出切塊備用。

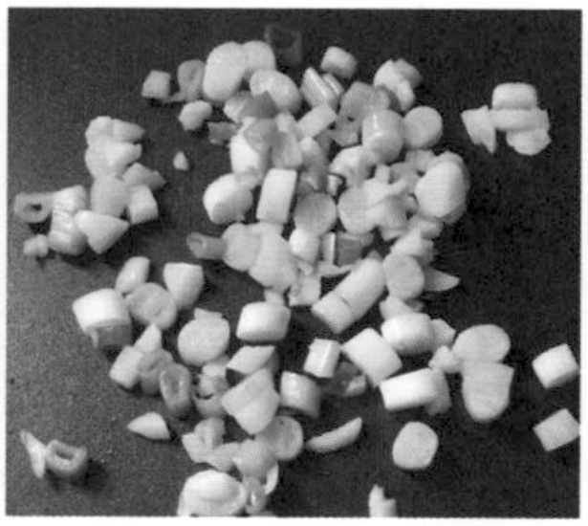

2 加入蔥白炒香。

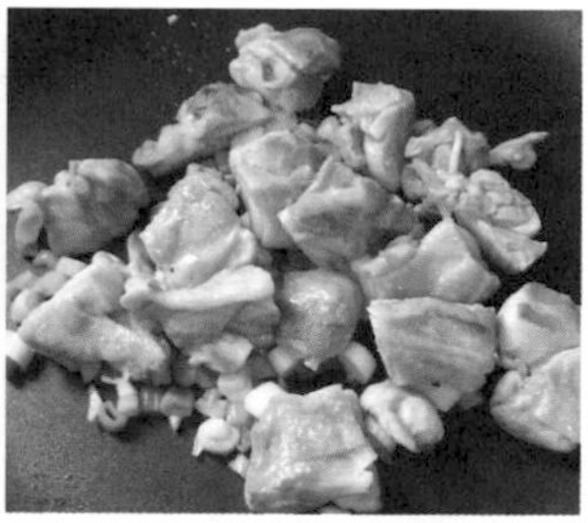

3 加入切塊的雞腿拌炒。

4 加入蔥綠、辣椒、鹽巴、黑胡椒拌炒均勻即完成。

奶油蒜味鮭魚便當

總熱量 653.1 Kcal

配菜▼原味玉子燒（第178頁）
和風龍鬚菜（第216頁）

蒜味奶油和鮭魚竟如此相配，吃下的每一口鮭魚，鼻腔散發淡淡的奶油蒜香，好幸福阿！

Kcal 272.6 ／蛋白質(g) 36.5 ／脂肪(g) 13 ／碳水化合物(g) 0.1

食材 1人份

•鮭魚 1片(135克)　•大蒜 3顆　•奶油 適量

【調味料】•巴西里 適量　•鹽巴 適量

備料 將鮭魚排去骨、均勻抹上鹽巴；將大蒜切末、巴西里切碎。

作法

1 於平底鍋中放入適量奶油、蒜末，用小火煮到蒜味出來。

2 放入鮭魚，持續用小火將鮭魚煎熟，再撒上巴西里、鹽巴即完成。

Memo

全程都要使用小火，否則奶油和蒜頭都會容易燒焦、產生苦味。

Ch3

增肌減脂
便當

吃自己做的便當
讓自己更有活力、精神更好！
本章以雞肉、海鮮、輕食為主，
跟大家分享美味不減又多樣化的
獨家增肌減脂便當。

此章節內的營養資訊皆以一人份計算。

章魚燒風味雞肉丸便當

總熱量
470.1
Kcal

配菜▼奶油炒甜椒（第204頁）燙小白菜（第224頁）

主食▼鮭魚飯糰（第228頁）

加上低脂美乃滋
和柴魚片的雞肉丸，
看似章魚燒，
實則為口感Q彈的雞肉丸！

Kcal 411.7／蛋白質(g) 43.7／脂肪(g) 16.7／碳水化合物(g) 22.6

食材 1人份　烹調時間：35分鐘

• 雞胸肉 150克　• 雞蛋 1顆　• 洋蔥 1/4顆　• 蔥 2根　• 白胡椒 適量
• 鮮奶 1大匙　• 鹽巴 適量
【章魚燒風味醬】 • 市售豬排醬 適量　• 低脂沙拉醬 少許　• 柴魚片 適量

備料　將雞胸肉絞成碎肉、洋蔥切碎、蔥切成蔥花。

作法

1 將豬排醬、沙拉醬、柴魚片以外的材料放入料理盆中。

2 攪拌到產生黏性。

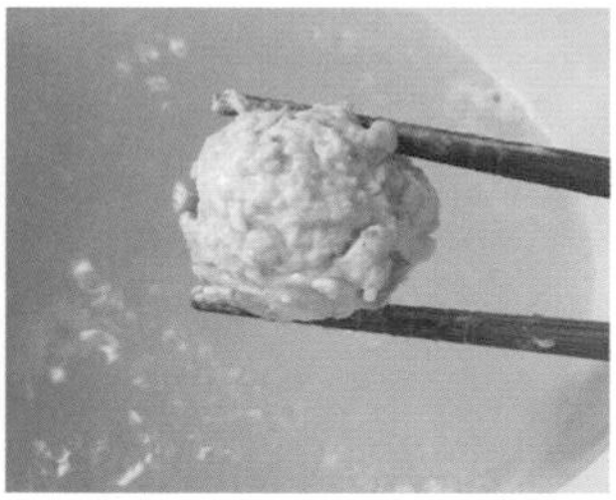

3 將絞肉塑形成球狀，放入滾水中煮到表面熟成，取出備用。

4 取一平底鍋，抹上少許油，加入煮好的雞肉丸，煎到表面焦黃。

5 抹上豬排醬及低脂沙拉醬、撒上柴魚片即完成。

Memo

步驟2，將絞肉放入滾水中煮比較好塑形。

總熱量
683.2
Kcal

茄汁雞肉丸便當

配菜▼紅蘿蔔愛心玉子燒（第183頁）
奶油花椰菜（第204頁）
燙菠菜（第224頁）
梅漬小番茄（第212頁）
酸甜小黃瓜（第215頁）

利用培根的油脂
炒香洋蔥並混入雞胸肉裡，
做出來的雞肉丸層次豐富，
大人小孩都愛！

Kcal 245.7／蛋白質(g) 32.2／脂肪(g) 6.6／碳水化合物(g) 14.2

食材 2人份 烹調時間：50分鐘

【雞肉丸】• 雞胸肉 150克 • 低脂培根 1/2片 • 洋蔥 1/4顆 • 鮮奶 2匙 • 鹽巴 適量

【茄　汁】• 牛番茄 1/2顆 • 洋蔥 1/4顆 • 義大利香料 適量 • 月桂葉 1片 • 肉桂粉 適量 • 番茄醬 1/2大匙 • 匈牙利紅椒粉 適量 • 醬油 2大匙

備料 雞胸肉絞碎、洋蔥切碎、低脂培根切碎、番茄切小丁。

雞肉丸作法

1 於平底鍋中加入適量奶油，加入洋蔥及培根炒至半透明狀、再加入義式香料炒香，放涼備用。

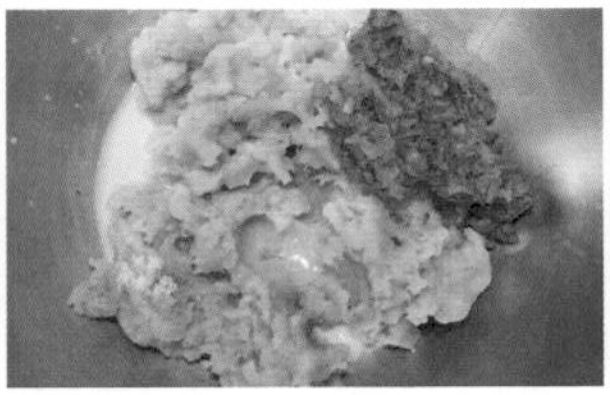

2 將炒好的培根及洋蔥、鹽巴、牛奶、雞肉放入料理盆中，朝同一方向攪拌到產生黏性。

3 把絞肉塑形成球狀，放入滾水中煮到表面熟成。將煮好的雞肉丸下油鍋煎到表面焦黃。

茄汁作法

1 於平底鍋中倒入少許油，加入番茄和洋蔥炒至軟爛，再加入義式香料炒香。

2 將鍋子空出一個位子，拌炒番茄醬。

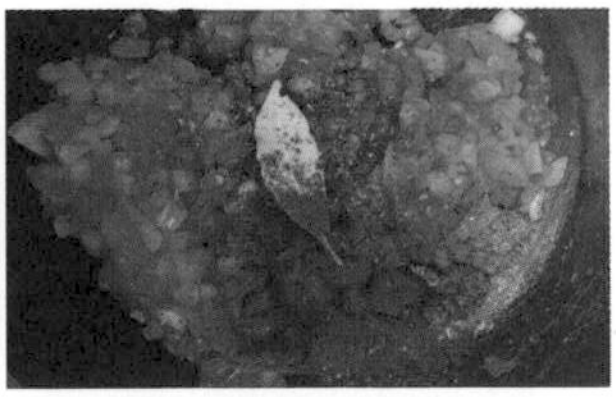

3 加入醬油、月桂葉、肉桂粉、匈牙利紅椒粉、1.5大匙冷水滾煮。

組合作法

將雞肉丸放入茄汁中拌勻收汁即完成。

用豆腐乳醃過的雞胸肉，有一股豆腐乳發酵的獨特香氣，搭配爽口的櫛瓜，剛好解膩。

總熱量 421 Kcal

豆乳雞胸肉串便當

配菜▼蒜炒小白菜（第202頁）
主食▼蛋鬆飯糰（第230頁）

Kcal 198.5 / 蛋白質(g) 8.8 / 脂肪(g) 1.5 / 碳水化合物(g) 9.2

食材 1人份 烹調時間:30分鐘

• 雞胸肉 150克 • 紅椒 1/8顆 • 黃椒 1/8顆 • 櫛瓜 適量

【醃料】 • 豆腐乳 2塊 • 醬油 2匙 • 味醂 2匙 • 米酒 2匙

備料 將所有食材切小塊、烤箱預熱200度。

作法

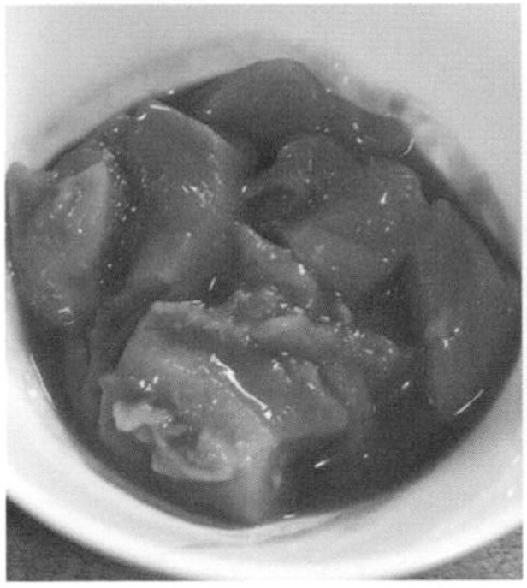

1 將雞胸肉塊放入料理盆中，加入【醃料】靜置至少20分鐘。

2 將雞胸肉與其他食材間隔串成一串。

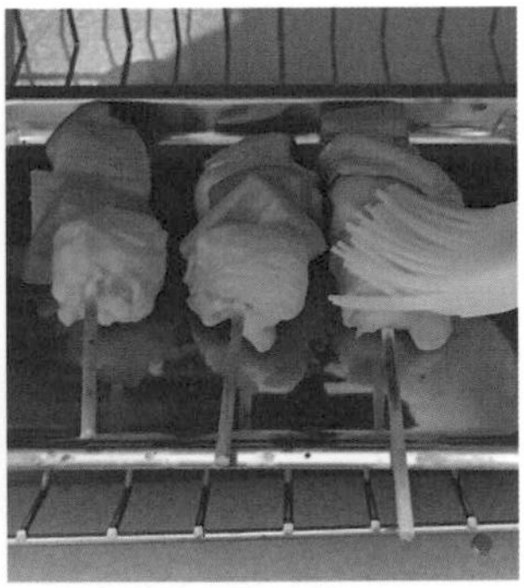

3 放入烤箱中烤10分鐘，取出刷上一層【醃料】再烤5分鐘即完成。

總熱量
623.4
Kcal

咖哩雞胸肉便當

配菜▼
麻油炒紅蘿蔔絲（第221頁）
玉米厚蛋（第192頁）
燙空心菜（第224頁）

椰奶和咖哩加在一起，
南洋風味就瞬間出現！
掌握火侯，先煎後悶，
雞胸肉不再乾柴。

Kcal 320.9／蛋白質(g) 38／脂肪(g) 12.5／碳水化合物(g) 17.6

食材 1人份 烹調時間：35分鐘

• 雞胸肉 150克

【醃料】 • 椰奶 2大匙 • 咖哩粉 2大匙 • 薑黃粉 1/2匙 • 水 2大匙

備料 將雞胸肉切薄片。

作法

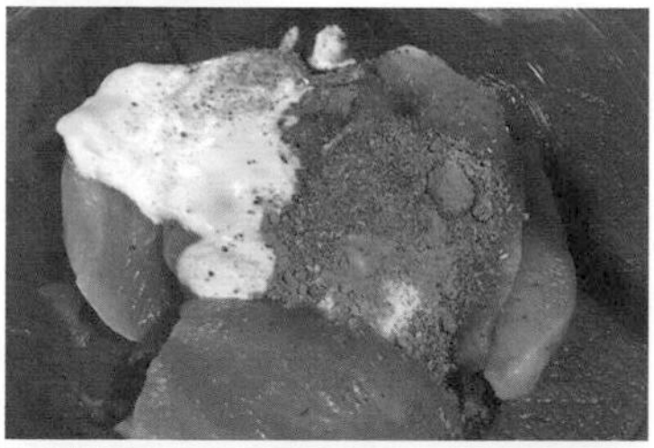

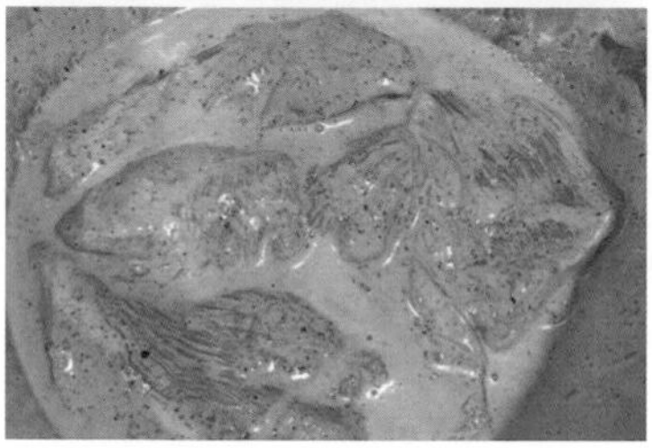

1 將雞胸肉放入料理盆中，加入所有【醃料】，靜置至少20分鐘。

2 平底鍋中抹少許橄欖油，放入雞胸肉煎到九分熟，取出後用錫箔紙（光滑面朝內）包起靜置10分鐘即完成。

Memo

先煎後悶，讓雞胸肉不會過熟。

青醬雞胸義大利麵便當

總熱量
589.4
Kcal

配菜▼油醋生菜沙拉（第208頁）

事先做好青醬，
放入乾淨瓶罐中保存，想吃
青醬義大利麵不必找餐廳，
十分鐘就能上桌。

Kcal 414.8 ／蛋白質(g) 46 ／脂肪(g) 7.9 ／碳水化合物(g) 38.9

食材 1人份 烹調時間：20分鐘

• 雞胸肉 150克 • 義大利麵 40克 • 洋蔥 1/4顆 • 青醬 1大匙 • 帕馬森乳酪粉 適量

【醃料】 • 鹽巴 適量

備料

• 將雞胸肉切薄片，泡入濃度5%的鹽水中至少20分鐘（參照第22頁）。
• 洋蔥切小丁。

作法

1 煮一鍋水，加入適量鹽巴，水沸騰後放入義大利麵煮7分鐘。

2 另取一平底鍋，倒入適量油、加入洋蔥炒香。

3 加入雞胸肉，煎到表面焦黃。

4 加入義大利麵、3大匙煮麵水、青醬、帕馬森乳酪粉收汁即完成。

Memo

• 煮義大利麵的水（即煮麵水）不要急著倒掉，煮麵水中含有澱粉，可用以使醬汁更濃稠。
• 可用市售青醬，也可自製青醬。（參照第224頁）

總熱量
626
Kcal

宮保雞丁便當

配菜▼紅蘿蔔玉子燒（第183頁）燙甜豆（第224頁）椒鹽香菇（第198頁）

花椒的麻與乾辣椒的香，是這道料理的精華。透過鹽漬的方式使雞丁軟嫩，吃起來無負擔。

Kcal 355.4／蛋白質(g) 41.8／脂肪(g) 3.5／碳水化合物(g) 52.9

食材 1人份　烹調時間：20分鐘

• 雞胸肉 150克　• 腰果（或花生）適量　• 乾辣椒 7根　• 大蒜 2顆　• 蔥 2根　• 花椒 1匙

【調味料】 • 醬油 1.5大匙　• 米酒 2匙　• 砂糖 1匙

備料

• 將雞胸肉切丁，泡入濃度5%的鹽水中至少10分鐘（參照第22頁）。
• 乾辣椒切半；大蒜切末；蔥切蔥花，並將蔥白及蔥綠分開。

作法

1 於平底鍋中加入油、花椒粒，小火爆香到香味出來後將花椒粒撈出。

2 加入乾辣椒，炒到乾辣椒膨脹。

3 加入蔥白及蒜末炒香。

4 加入雞胸肉，煎到熟成後再加入【調味料】、蔥綠及腰果拌炒收汁即完成。

Memo

步驟1是為了做出花椒油，火候不能太大，否則花椒容易燒焦變苦。

總熱量
436.8
Kcal

蒜味雞胸義大利麵便當

配菜▼奶油炒鮮蔬（第204頁）

橄欖油泡蒜末，
讓蒜味釋放到油中，
是這道料理最絕美的地方，
最關鍵的是火侯的控制。

Kcal 320 ／蛋白質(g) 40.5 ／脂肪(g) 2.2 ／碳水化合物(g) 35.3

食材 1人份 烹調時間：40分鐘

• 雞胸肉 150克 • 義大利麵 40克 • 乾辣椒 2根 • 大蒜 8顆

【調味料】 • 黑胡椒 適量 • 鹽巴 適量

備料

• 雞胸肉切塊，泡入濃度5%的鹽水中，靜置至少10分鐘（參照第22頁）。醃好後取出，均勻抹上黑胡椒。
• 大蒜切末、乾辣椒切半。

作法

1 煮一鍋水，加入適量鹽巴，水沸騰後放入義大利麵煮7分鐘。

2 另取一平底鍋，加入3大匙橄欖油、蒜末，小火慢煎到香味出來。

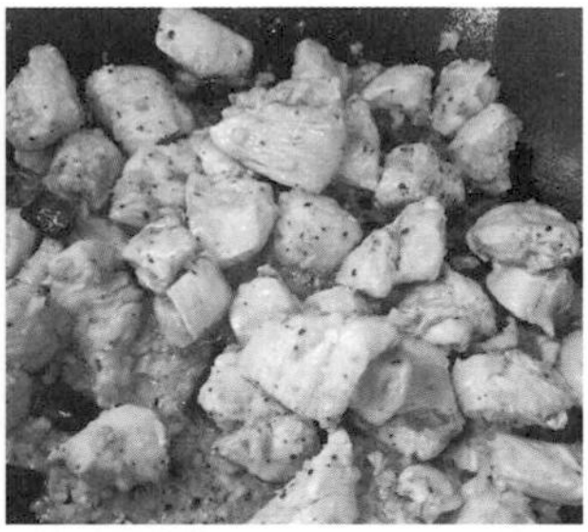

3 加入雞胸肉，煎到表面焦黃。

4 加入義大利麵、3大匙煮麵水拌炒收汁即完成。

Memo

步驟2，一定要用小火煎，否則大蒜容易燒焦變苦。

總熱量 409.2 Kcal

涼拌味噌雞絲便當

配菜▼麻油拌菠菜（第218頁）

香濃的味噌醬汁，
吸附於軟嫩多汁的雞絲，
搭配上脆口的小黃瓜和
紅蘿蔔絲，清爽解膩。

Kcal 200.9 / 蛋白質(g) 36 / 脂肪(g) 1.9 / 碳水化合物(g) 9.1

食材 1人份 烹調時間:15分鐘

• 雞胸肉 150克 • 小黃瓜 1根 • 紅蘿蔔 1/4根

【醬汁】• 味噌醬 2匙 • 味醂 2匙 • 糯米醋 2匙 • 醬油 1/4大匙 • 水 1大匙 • 大蒜 1顆

備料 將小黃瓜、紅蘿蔔切絲並泡入冰水中冰鎮、大蒜切末。

作法

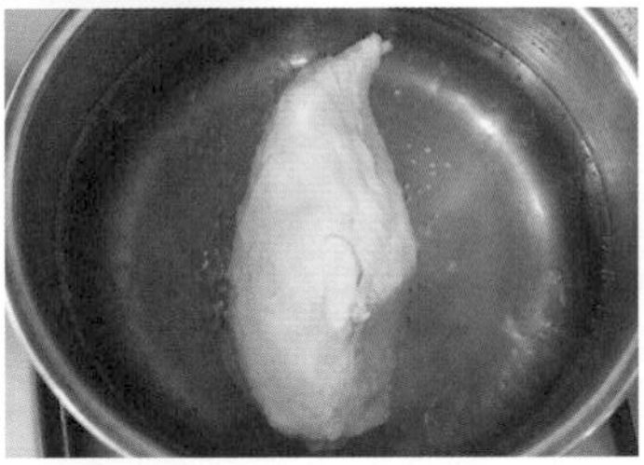

1 雞胸肉放入冷水中加熱，水沸騰後關火、蓋上鍋蓋悶5分鐘。

2 放涼後撕成絲狀。

3 將雞絲、小黃瓜絲、紅蘿蔔絲及【醬汁】拌勻即完成。

Memo

步驟1是利用水的餘溫慢慢將雞肉悶熟，因此水不能太少，否則水太快冷卻，雞肉就悶不熟了。

總熱量
534.1
Kcal

涼拌椒麻雞絲便當

配菜▼麻油炒紅蘿蔔絲（第221頁）
蛋絲（第181頁）
燙小松菜（第224頁）

自製辣油香麻夠味，
搭配上烏醋和醬油
就是美味的椒麻醬汁，
光用看的就開胃了。

Kcal 215.3／蛋白質(g) 36.1／脂肪(g) 1.7／碳水化合物(g) 14.4

食材 1人份　烹調時間：15分鐘

• 雞胸肉 150克　• 小黃瓜 1/2條　• 辣椒 1根　• 蔥 1根　• 薑 1片　• 八角 1/2粒
• 香菜 適量　• 米酒 1大匙
【醬汁】• 辣油 適量　• 烏醋 2匙　• 醬油 2匙　• 砂糖 1匙

備料 將蔥切段、薑切片、小黃瓜及辣椒切絲、香菜切末。

作法

1 雞胸肉放入冷水中，加入蔥段、薑片、八角、米酒加熱，水沸騰後關火、蓋上鍋蓋悶5分鐘。

2 放涼後撕成絲狀。

3 將雞絲、小黃瓜絲、辣椒絲及【醬汁】拌勻即完成。

Memo

• 步驟1是利用水的餘溫慢慢將雞肉悶熟，因此水不能太少，否則水太快冷卻，雞肉就悶不熟了。
• 可用市售辣油，也可自製辣油。（辣油作法詳見第245頁）

總熱量
541.9
Kcal

低卡白醬雞胸螺旋麵便當

配菜▼油醋生菜沙拉（第208頁）水果優格沙拉（第209頁）

白醬也能低卡？
不用奶油和麵粉，
改用牛奶和起司，奶味十足，
清爽沒負擔。

Kcal 375.7／蛋白質(g) 44.6／脂肪(g) 7.2／碳水化合物(g) 34.4

食材 2人份 烹調時間：45分鐘

• 雞胸肉 300克　• 洋蔥 1/2顆　• 紅椒 1/4顆　• 黃椒 1/4顆　• 杏鮑菇 1根
• 玉米筍 2根　• 青花菜 適量　• 螺旋麵 40克　• 乾辣椒 3根　• 大蒜 3顆
• 鮮奶 200ml　• 帕瑪森乳酪粉 適量
【調味料】 • 黑胡椒 適量　• 鹽巴 適量

備料

• 洋蔥、乾辣椒切碎；大蒜切片；甜椒、杏鮑菇切絲；玉米筍縱切成4等分。
• 雞胸肉切薄片，泡入5%鹽水中至少20分鐘（參照第22頁）。將雞胸肉取出，抹上少許黑胡椒。

作法

1 加一匙鹽的水煮螺旋麵（煮8分鐘）和青花菜。

2 於平底鍋中倒入少許橄欖油熱鍋後，加入洋蔥及蒜片炒香。

3 加入雞胸肉，煎到表面熟成後取出備用。

4 加入乾辣椒、甜椒、杏鮑菇、玉米筍炒香。

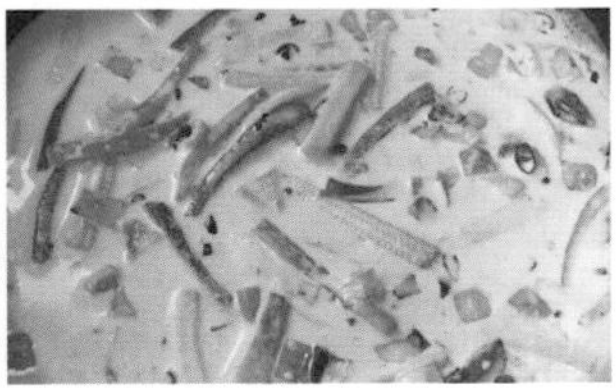

5 加入100ml煮麵水、鮮奶、帕瑪森乳酪粉、鹽巴煮滾。

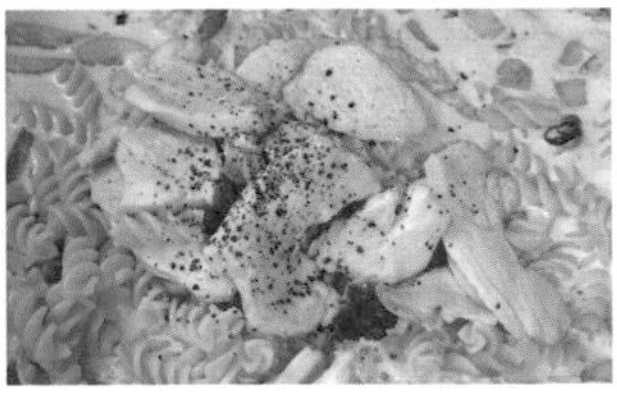

6 加入螺旋麵、雞胸肉、青花菜及黑胡椒拌炒收汁即完成。

Memo

• 螺旋麵不要煮太軟，因為加入醬汁裡拌炒還會再煮。
• 傳統白醬是用奶油和麵粉製作成的，改用鮮奶後，醬汁濃稠度不夠，要用乳酪絲和煮麵水來提升濃稠感。

總熱量 448.2 Kcal

青醬雞胸肉便當

配菜▼鮮蔬烘蛋（第193頁）

香煎櫛瓜（第206頁）

雞胸肉剖半抹上青醬，
再闔起入鍋煎熟，雞胸肉
所釋放的雞汁與青醬
完美融合，美味昇華。

Kcal 323.1 ／蛋白質(g) 67.4 ／脂肪(g) 3.5 ／碳水化合物(g) 1.1

食材 2人份 烹調時間:40分鐘

• 雞胸肉 300克（2片） • 青醬 適量

【調味料】 • 鹽巴 適量

作法

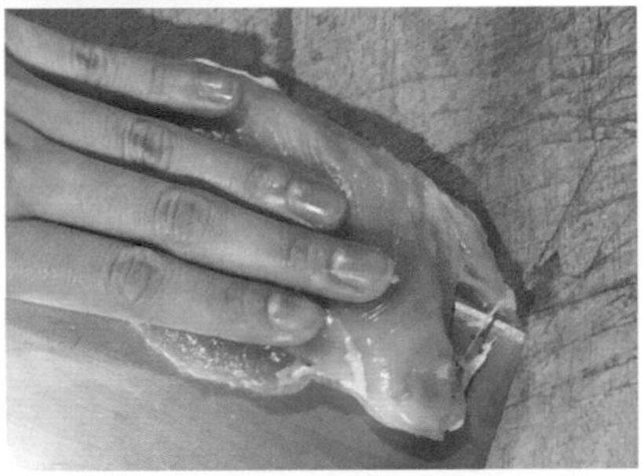

1 將雞胸肉剖半，泡入濃度5%的鹽水中至少30分鐘（參照第22頁）。

2 將雞胸肉攤開，均勻塗上青醬。

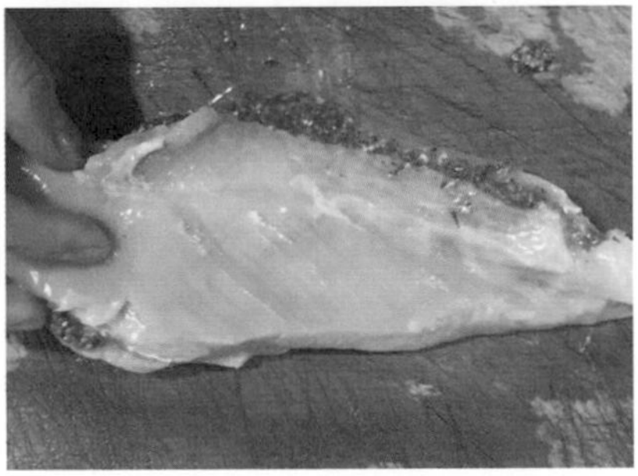

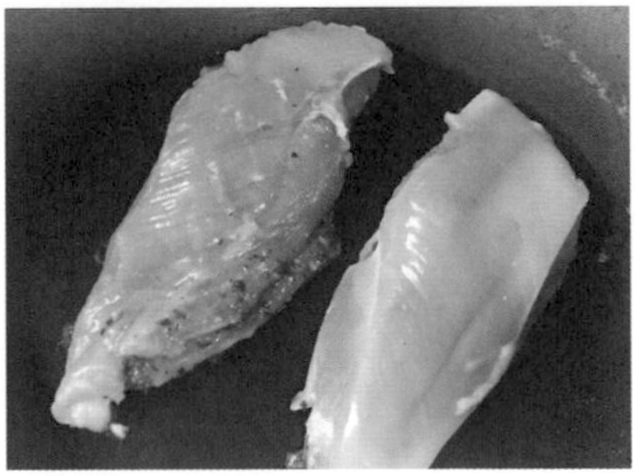

3 將雞胸肉對折回去，放入平底鍋中煎熟即完成。

Memo

可用市售青醬，也可自製青醬。（參照第244頁）

總熱量 403.5 Kcal

鮮蔬雞胸肉捲便當

配菜▼紅蘿蔔玉子燒（第183頁）
燙地瓜葉（第224頁）

使用不同的醃料和內餡，
你也能創造出獨一無二的
雞胸肉捲喔！

Kcal 164.2 ／蛋白質(g) 34.1 ／脂肪(g) 1.4 ／碳水化合物(g) 2

食材 1人份 烹調時間：45分鐘

• 雞胸肉 150克 • 玉米筍 1根 • 紅蘿蔔 適量 • 四季豆 1根

【調味料】 • 鹽巴 適量

備料

• 將雞胸肉片成1/3厚度，用刀背將雞胸肉敲平後泡入濃度5%的鹽水中至少20分鐘。

• 將玉米筍切半、紅蘿蔔切成長條狀。

作法

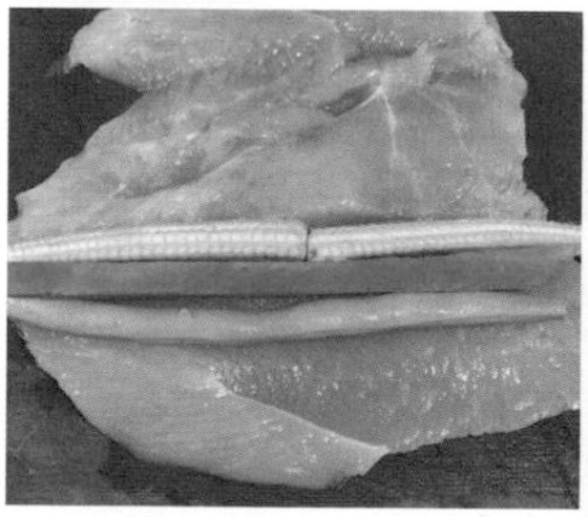

1 將雞胸肉攤平，放上玉米筍、紅蘿蔔、四季豆。

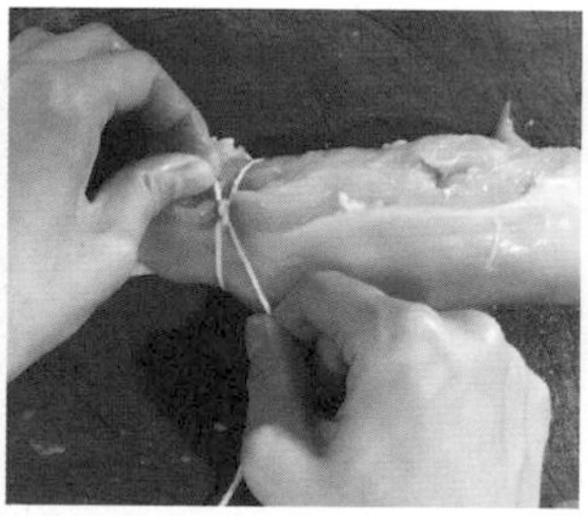

2 將雞胸肉捲起，用棉繩在開端打死結。

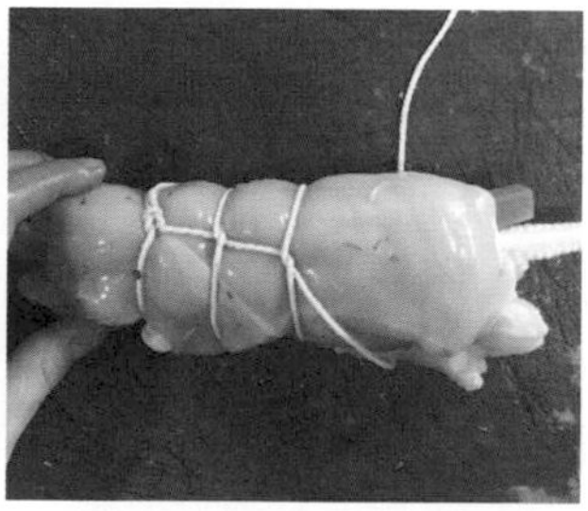

3 重複繞結的步驟，將雞腿捲固定。（棉繩繞結綁法請參考MEMO示意圖）

4 將雞胸肉放入平底鍋中煎到表面熟成，加入4大匙冷水，蓋上鍋蓋悶煮到水分收乾，使肉捲中心熟成即完成。

Memo

• 先將棉繩拉直按住，在按壓處後的棉繩往下繞雞腿捲一圈後，在按壓處由內往外拉出棉繩。

• 拉出後的棉繩一樣拉直並重複上述步驟，最後打結固定住雞腿即可（其實亂繞也可以）。

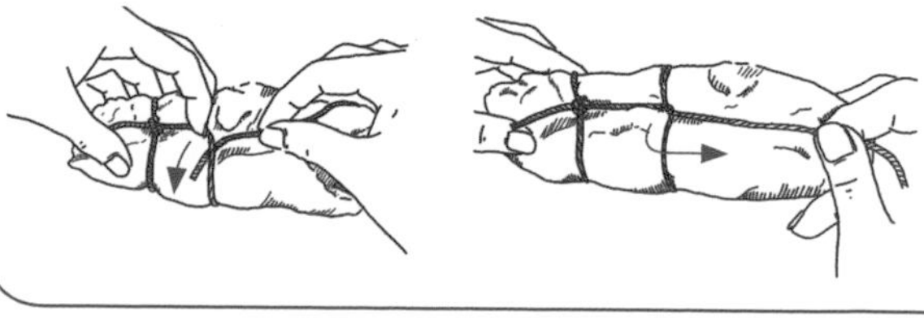

總熱量
542.1
Kcal

日式雞肉親子丼便當

配菜▼燙青花菜（第224頁）

我很喜歡吃親子丼，
因此對這道料理莫名的嚴格，
評分標準在於雞肉
是否夠入味、夠軟嫩。

Kcal **392.2**／蛋白質(g) **45**／脂肪(g) **8.1**／碳水化合物(g) **34.1**

食材 1人份　烹調時間：20分鐘

• 去骨雞腿排 1片(150克)　• 雞蛋 1顆　• 洋蔥 1/4顆　• 蔥 1/2根

【醃　料】 • 醬油 2匙　• 味醂 2匙　• 米酒 2匙

【調味料】 • 醬油 2匙　• 味醂 2匙　• 柴魚高湯 3大匙　• 七味粉 適量

備料

• 將雞腿肉去皮、去油、切塊，加入【醃料】靜置至少10分鐘。

• 蔥及洋蔥切絲，雞蛋打散。

作法

1 平底鍋中倒入少許油、加入洋蔥炒香。加入醃好的雞肉，煎到表面熟成。

2 加入醬油、味醂及柴魚高湯，將雞肉煮熟。

3 均勻倒入1/2蛋液，小火煮熟。

4 再倒入剩餘1/2蛋液，關火並蓋上鍋蓋，將蛋液悶15秒，最後擺上蔥絲、撒上七味粉即完成。

Memo

• 先醃一下雞腿肉，會讓雞腿肉更入味。

• 步驟3、4，將蛋液分兩次均勻倒入，第一次倒入的蛋液可以將雞肉及洋蔥連結在一起，第二次倒入的蛋液只會煮到7～8分熟，有點滑蛋的感覺。

• 沒有柴魚高湯的話，可用水及鰹魚粉替代。

總熱量
490.7
Kcal

南洋風鳳梨蝦仁炒飯便當

配菜▼燙四季豆（第224頁）

你總是做出濕濕軟軟的鳳梨炒飯嗎？把這招學起來，就能炒出粒粒分明的炒飯囉！

Kcal 490.7 / 蛋白質(g) 42.6 / 脂肪(g) 9.6 / 碳水化合物(g) 60

食材 1人份 烹調時間：35分鐘

・蝦子 4隻 ・雞蛋 1顆 ・鳳梨 100克 ・飯 1/2碗 ・洋蔥 1/2顆 ・洋蔥 1/2顆

【調味料】・椰奶 1大匙 ・咖哩粉 1大匙 ・薑黃粉 1/2匙

備料 洋蔥切小丁；蔥切蔥花，並將蔥白及蔥綠分開；鳳梨切小丁；蝦子去殼。

作法

1 蝦子乾煎至八分熟，取出備用。鳳梨乾煎直到表面水分收乾，取出備用。

2 用少許油炒蛋，炒到八分熟，取出備用。

3 於平底鍋中倒入少許油，加入洋蔥、蔥白、咖哩粉、薑黃粉炒香。

4 加入飯拌炒開。

5 加入蛋、蝦子、椰奶拌炒均勻。

6 加入蔥綠、鳳梨、鹽拌勻即完成。

Memo

・步驟1，把鳳梨表面水分燒乾可以讓鳳梨吃起來更甜，炒飯也不會太濕。

・步驟3，咖哩粉一定要炒過，香味才會出來。

先將蝦子煎香，
再加入胡椒炒香，最後嗆入
米酒收乾，口味濃厚的
胡椒炒蝦，快速上桌！

總熱量
644.2
Kcal

胡椒炒蝦便當

配菜▼燙青花菜（第224頁）蛋鬆（第187頁）

主食▼鮭魚飯糰（第228頁）

Kcal 360.9 / 蛋白質(g) 78 / 脂肪(g) 2.5 / 碳水化合物(g) 3

食材 1人份 烹調時間:15分鐘

• 蝦子 10隻　• 蔥 1/2根　• 大蒜 2顆　• 薑 3克

【調味料】 • 黑胡椒 1匙　• 白胡椒 1匙　• 米酒 2匙　• 鹽巴 適量

備料

• 將蝦子開背、剪除蝦頭上尖銳的觸鬚及蝦腳。

• 將大蒜、薑切末；蔥切蔥花，並將蔥白及蔥綠分開。

作法

1 平底鍋內加少許麻油，將蝦子煎至表面變色。

2 加入蔥白、薑、蒜炒香。

3 加入黑胡椒、白胡椒、鹽巴炒香。

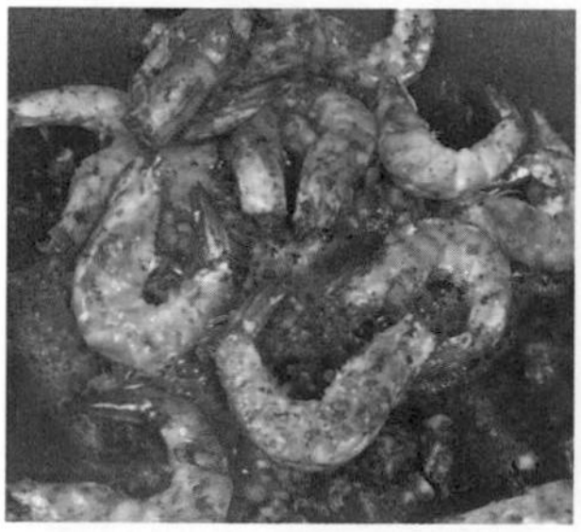

4 加入米酒，拌炒到收乾。

5 加入蔥綠拌勻即完成。

茄汁蛋炒飯便當

總熱量 545.3 Kcal

配菜▼香煎蛋豆腐（第194頁）
奶油炒鮮蔬（第204頁）

茄汁蛋炒飯
一直是深受小朋友喜愛的
料理，微酸甜的口味，
特別討喜！

Kcal **408.6** ／蛋白質(g) **42.8** ／脂肪(g) **6** ／碳水化合物(g) **46.6**

食材 2人份 烹調時間：20分鐘

• 蝦子 4隻 • 雞蛋 1顆 • 飯 1/2碗 • 洋蔥 1/4顆 • 蔥 1根 • 白胡椒 適量

【調味料】 • 番茄醬 2匙 • 米酒 1/4匙 • 醬油 1/2匙 • 鹽巴 適量

備料

• 洋蔥切小丁；蔥切蔥花，並將蔥白及蔥綠分開；蛋打散。
• 蝦子去殼、開背，用米酒、鹽巴、白胡椒醃5分鐘。

作法

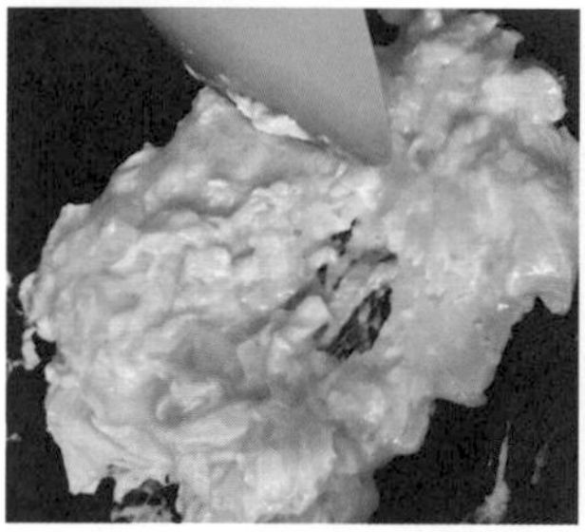

1 於平底鍋中倒入少許油，將蛋液炒至七分熟，取出備用。

2 加入少許油，放入蔥白、洋蔥碎及蝦子拌炒，蝦子熟後取出蝦子備用。

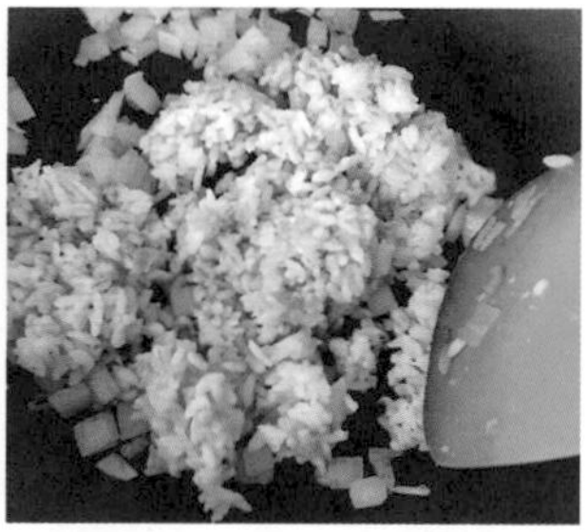

3 加入飯，將飯炒開。

4 於鍋中空位處加入番茄醬拌炒一下，再將番茄醬和其他食材拌炒在一起。

5 加入炒好的蛋、蔥綠、蝦子、醬油、白胡椒拌炒均勻即完成。

Memo

用番茄醬做料理通常都會先炒一下番茄醬，可以緩和酸度、也能讓番茄醬的顏色更紅。

橄欖油蒜蝦
也稱西班牙蒜蝦，
最誘人的就是將蒜味和蝦膏
煮進橄欖油中，
配飯或拌麵都很好吃喔！

總熱量
596.5
Kcal

橄欖油蘑菇蒜蝦便當

配菜▼
燙青花菜（第224頁）
奶油炒鮮蔬（第204頁）

Kcal 388.1／蛋白質(g) 40.5／脂肪(g) 23.8／碳水化合物(g) 2.9

食材 1人份 烹調時間：25分鐘

• 蝦子 5隻 • 蘑菇 4朵 • 大蒜 5顆

【調味料】 • 檸檬汁 1匙 • 鹽巴 適量 • 黑胡椒 適量

備料

• 大蒜切末、蘑菇切片。
• 蝦子去頭、去殼、開背去除腸泥。

作法

1 於平底鍋中倒入3大匙橄欖油，加入蒜末以中小火慢煎到香味出來。

2 加入蝦子及蘑菇，以中小火煎熟。

3 加入【調味料】拌勻即完成。

Memo

• 蘑菇大概切三等分的厚度，因為煎了之後會縮水。
• 煎蒜末時火不宜大，否則蒜片燒焦會產生苦味。
• 用法國麵包沾橄欖油也很好吃喔！

總熱量
738.1
Kcal

味噌烤鮭魚便當

鮭魚先用味噌醃過
再進烤箱烘烤，烤出來的
味道跟味噌湯完全不同，
超神奇的美味！

配菜▼
香檸漬蘿蔔（第211頁）
原味玉子燒（第178頁）
醋漬蓮藕片（第210頁）
和風涼拌龍鬚菜（第216頁）

Kcal **375.1** ／ 蛋白質（g）**40.5** ／ 脂肪（g）**10.4** ／ 碳水化合物（g）**28.6**

食材 1人份　烹調時間：15分鐘

• 鮭魚 1片　• 高麗菜 50克

【醃料】• 味噌醬 2大匙　• 味醂 2大匙　• 米酒 1大匙

備料　• 烤箱預熱200度　• 將鮭魚切2公分薄片　• 高麗菜切絲。

作法

1 將鮭魚放入料理盆中，加入【醃料】靜置至少4小時（隔夜更佳）。

2 將鮭魚表面的【醃料】洗掉、擦乾。

3 將鮭魚放入烤箱烤5分鐘，將烤箱溫度提高到250度再烤3分鐘，最後與高麗菜絲組裝起來即完成。

Memo

• 不同品牌的味噌醬鹹度和甜度不同，可自行調整【醃料】比例。
• 切一點高麗菜絲墊在鮭魚下方，可以讓便當看起來更立體唷！

總熱量
573
Kcal

鹽烤鯖魚便當

配菜▼燙甜豆（第224頁）燙四季豆（第224頁）水煮蛋（第185頁）

主食▼鹽漬櫻花飯（第231頁）

鹽烤鯖魚
的作法很簡單，沒有太多時間
做菜時，烤鯖魚是一個
很好的選擇。

Kcal 395.5 / 蛋白質(g) 19 / 脂肪(g) 34.8 / 碳水化合物(g) 0

食材 1人份 烹調時間：20分鐘

• 鯖魚 1片

【調味料】 • 鹽巴 適量

備料 烤箱預熱200度。

作法

1 鯖魚用清水沖洗，以紙巾擦乾。於鯖魚表面劃上數刀，並塗上適量鹽巴，靜置5分鐘。

2 將鯖魚放入烤箱中，烤10分鐘，將溫度調整為250度再烤5分鐘即完成。

Memo

• 每台烤箱功率不同，溫度及時間自行調整。

• 鯖魚很薄，烤10分鐘就熟了，將溫度拉高到250度再烤5分鐘會讓表皮更加酥脆。

總熱量
474.4
Kcal

黑胡椒鮭魚便當

配菜▼紅蘿蔔愛心玉子燒（第183頁）
燙A菜（第224頁）
主食▼藜麥糙米飯（第232頁）

新鮮的鮭魚，
最適合用少許鹽巴和黑胡椒
簡單調味，不讓任何調味料
搶走鮭魚的鮮美。

Kcal 236.8 ／蛋白質(g) 36.5 ／脂肪(g) 9 ／碳水化合物(g) 0

食材 1人份　烹調時間：15分鐘

• 鮭魚 1片

【調味料】 • 黑胡椒 適量　• 鹽巴 適量

作法

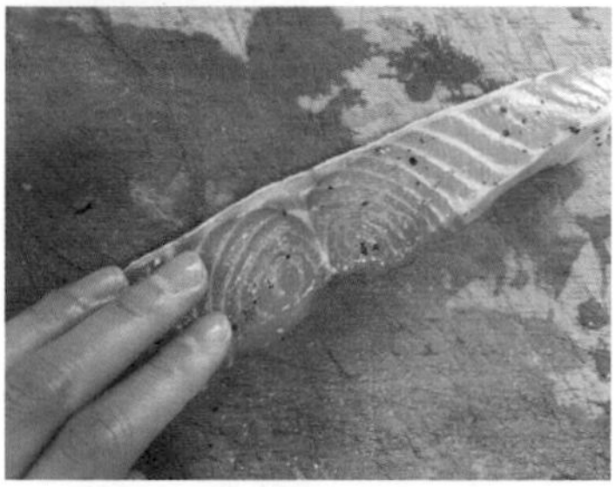

1 將鮭魚洗乾淨、擦乾、均勻抹上鹽巴及黑胡椒後靜置5分鐘。

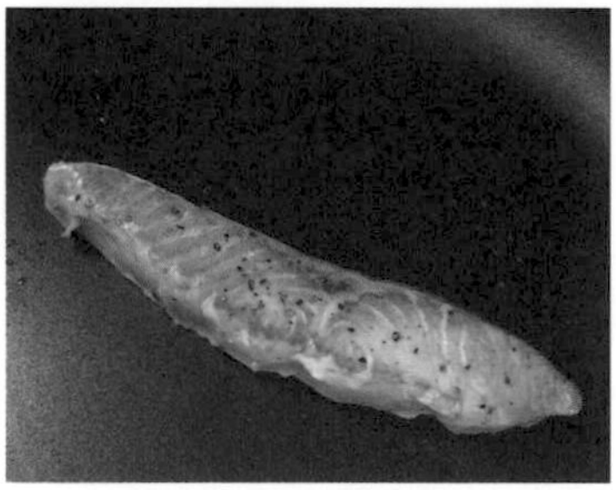

2 鮭魚放入平底鍋中煎熟即完成。

Memo

可將黑胡椒改為市售乾燥義大利香料、迷迭香等，改變口味喔！

總熱量
427
Kcal

藜麥鮭魚炒飯便當

配菜▼燙青江菜（第224頁）

鮭魚炒飯的做法
有很多種，我喜歡將鮭魚
切成小丁狀，
保留鮭魚的口感。

Kcal 427 ／蛋白質(g) 46 ／脂肪(g) 14 ／碳水化合物(g) 28.8

食材 1人份 烹調時間：25分鐘

• 鮭魚 150克　• 雞蛋 1顆　• 藜麥飯 1/2碗　• 洋蔥 1/4顆　• 蔥 1根

【調味料】 • 白胡椒 適量　• 鹽巴 適量

備料 鮭魚切小塊、雞蛋打成蛋液、洋蔥切小丁、蔥切成蔥花，並將蔥白及蔥綠分開。

作法

1將鮭魚及魚皮放入平底鍋中煎到熟成，取出備用。

2倒入少許油，倒入蛋液，利用鍋內鮭魚油將蛋液炒到七分熟，取出備用。

3倒入少許油，加入洋蔥炒香。

4加入藜麥飯拌炒，將飯炒開後加入鮭魚、蛋、蔥綠拌勻，再加入【調味料】調味即完成。

Memo

• 如果於步驟1煎出很多魚油，可以倒一些出來，炒洋蔥時再倒入。
• 把青江菜自根部橫切一刀，根部就會出現像花的形狀了！

鮪魚沙沙醬三明治便當

總熱量
464.6
Kcal

配菜▼油醋生菜沙拉（第208頁）

誰說鮪魚醬一定要
加美乃滋，鮪魚搭配上
洋蔥和甜椒的清甜、
檸檬的酸，清爽開胃！

Kcal **290** ／蛋白質（g）**16.2** ／脂肪（g）**8.6** ／碳水化合物（g）**40.2**

食材 1人份　烹調時間：15分鐘

- 全麥吐司 2片　• 美生菜 2片

【鮪魚醬】
- 水煮鮪魚罐頭 1/2罐
- 紅椒 10克
- 黃椒 10克
- 檸檬汁 1匙
- 小番茄 3顆
- 洋蔥 30克
- 羅勒 適量
- 橄欖油 1匙
- 砂糖 1匙
- 鹽巴 適量

備料 將洋蔥、紅椒、黃椒切小丁，羅勒切碎，小番茄對切4等分，將鮪魚擰乾。

作法

1 將鮪魚醬材料放入料理盆中攪拌均勻。

2 依序將吐司、生菜、鮪魚醬、吐司疊起，對角切成4等分。

總熱量
470.1
Kcal
花生肉蛋熱壓吐司便當
配菜▼荷包蛋（第191頁）
油醋生菜沙拉（第208頁）
記得有一陣子肉蛋吐司
風靡台灣，自己製作
不用排隊、肉又大片，
吃得超滿足！

Kcal 442.9／蛋白質(g) 30.4／脂肪(g) 21.3／碳水化合物(g) 33.1

食材 1人份 烹調時間：25分鐘

• 全麥吐司 2片 • 豬里肌肉片 1片(100克) • 雞蛋 1顆 • 乳酪絲 適量 • 亞麻裸仁 適量

【醃料】 • 醬油 1大匙 • 米酒 1匙 • 砂糖 1匙 • 大蒜 2顆

備料

• 把大蒜拍扁。
• 煎荷包蛋。(作法參照第191頁)

作法

1 將豬里肌肉片的油脂去除，用刀背敲平。

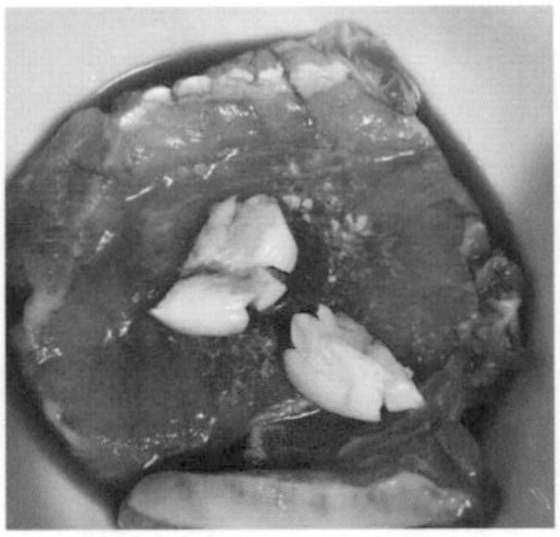

2 將里肌肉片放入碗中，加入【醃料】，靜置至少15分鐘。

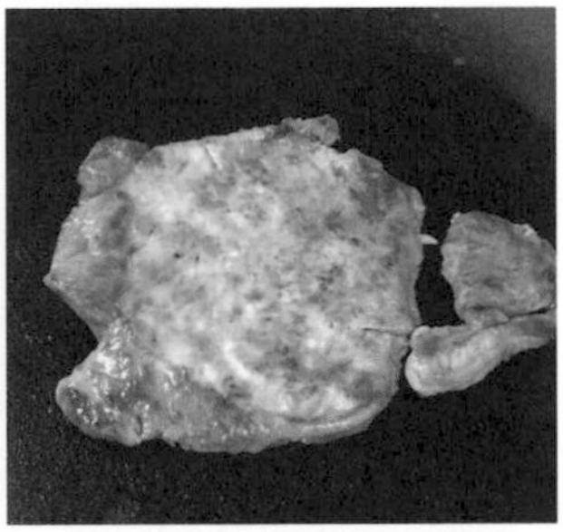

3 放入醃好的肉片煎熟、並將蛋煎成荷包蛋。

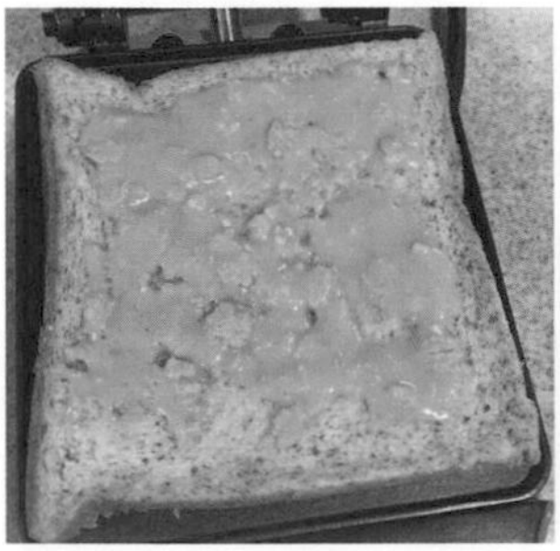

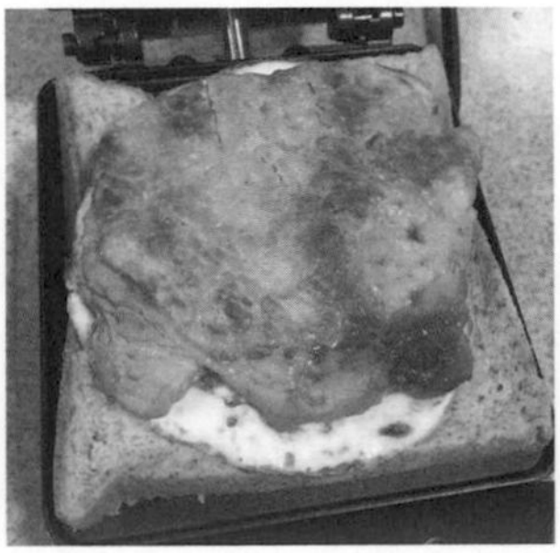

4 依序將全麥吐司、花生醬、荷包蛋、肉片、乳酪絲、全麥吐司放入熱壓吐司機中加熱1～2分鐘，切半後撒上亞麻裸仁即完成。

Ch4

超豐盛營養便當

26道讓人做得過癮
也吃得過癮的豐盛便當菜！
從此便當裡可以兼具營養
又有日、韓、台、泰、歐、美等
異國風味的料理。

此章節內的營養資訊皆以一人份計算。

總熱量
517.2
Kcal

泰式綠咖哩便當

配菜▼燙青花菜（第224頁）

只要有一包綠咖哩膏，
再注意一些小訣竅，
就能讓綠咖哩更加夠味、
雞肉更加軟嫩。

Kcal 367.2 ／蛋白質（g）19.2 ／脂肪（g）29 ／碳水化合物（g）8.8

食材 1人份 烹調時間：25分鐘

• 雞胸肉 1片　• 茄子 1根　• 小番茄 3顆　• 玉米筍 1根　• 四季豆 適量

【調味料】 • 綠咖哩膏 70克　• 椰奶 200ml

備料

• 將四季豆切小段、茄子切片。
• 將雞胸肉切片、泡入濃度5%的鹽水中至少20分鐘（參照第22頁）。

作法

1 將茄子放入滾水中，再用碗將茄子蓋住，使茄子置於水面下，煮3分鐘後撈起備用。

2 於平底鍋中放入少許油，加入綠咖哩膏，以小火炒到香味出來。

3 加入椰奶、50ml冷水、雞胸肉、玉米筍、小番茄煮至雞胸肉半熟，加入四季豆、魚露，待四季豆熟成即完成。

Memo

• 煮茄子時，使茄子不露出水面可以使茄子不易變黑，這是一種取代過油的好方法。
• 相較於先炒椰奶的作法，我比較傾向於先炒綠咖哩膏，因為綠咖哩膏炒過香味會更加凸顯。

總熱量
465
Kcal

美式辣雞翅便當

配菜▼
燙青花菜（第224頁）
酥烤薯條（第226頁）

美式餐廳會出現的
辣雞翅，在家也能簡單做，
讓人吮指回味、
一支接一支。

Kcal 420.2／蛋白質(g) 35.2／脂肪(g) 27.2／碳水化合物(g) 6.2

食材 1人份 烹調時間：20分鐘

• 雞翅 6支 • 亞麻裸仁 適量 • 辣椒粉 1匙 • 匈牙利紅椒粉 1匙 • 白胡椒 少許

【調味料】 • 醬油 1大匙 • 蜂蜜 1匙 • 米酒 1匙 • 水 1大匙

備料 於雞翅背面劃一刀。

作法

1 將雞翅放入平底鍋中，煎到表面焦黃，將鍋內餘油擦掉，倒入3大匙水後，蓋上鍋蓋悶煮到水收乾。

2 倒入【調味料】，以小火滾煮。

3 待【調味料】收至濃稠，最後撒上亞麻裸仁即完成。

Memo

• 雞翅劃刀是為了幫助吸附【調味料】、加速熟成。
• 由於雞翅帶骨不易熟，因此要悶煮一下。
• 步驟2、3用小火，否則醬汁容易燒焦，若鍋子溫度太高，可以加一點水降溫。

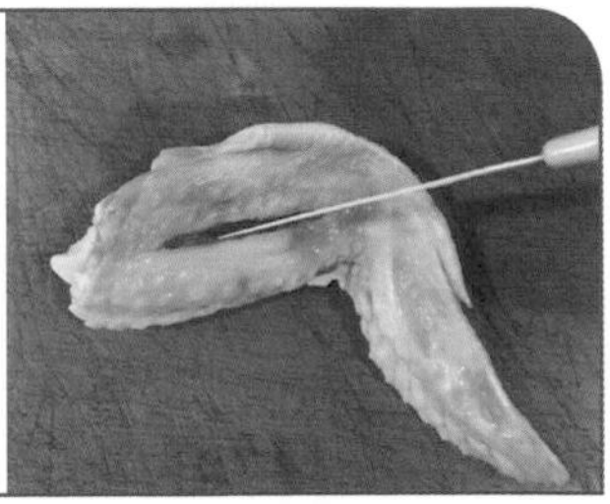

總熱量 558.3 Kcal

筑前煮便當

主食▼藜麥糙米飯（第232頁）

一道日本的家常料理，通常會加入當季根莖類食材燉煮，我的筑前煮必加牛蒡和蓮藕。

Kcal 380／蛋白質(g) 26.9／脂肪(g) 10.2／碳水化合物(g) 44.3

食材 1人份 烹調時間：30分鐘

• 去骨雞腿排 1片（約150克） • 蓮藕 1/2節 • 紅蘿蔔 1/2根 • 甜豆 適量
• 玉米筍 2根 • 乾香菇 2片
【調味料】 • 醬油 2大匙 • 味醂 2大匙 • 米酒 1大匙

備料

• 將蓮藕切塊；紅蘿蔔滾刀切塊；乾香菇泡冷水，泡開後切塊。
• 去骨雞腿排斷筋（參照第23頁）、抹鹽、靜置至少5分鐘。

作法

1 將去骨雞腿排皮朝下，放入平底鍋中煎至皮焦黃，翻面再煎至焦黃，取出切小塊備用。

2 將鍋內多餘的油擦掉，加入蓮藕、紅蘿蔔、乾香菇、玉米筍炒香。

3 加入【調味料】及300ml冷水，蓋上鍋蓋小火悶煮15分鐘。最後加入甜豆及雞腿煮5分鐘即完成。

Memo

這道料理通常會將雞腿排跟其他蔬菜一起燉煮，但是去骨雞腿排容易變得乾澀，因此先將雞腿排用鹽巴醃製，可以讓雞腿排保持鮮嫩多汁、也不會沒有味道唷！

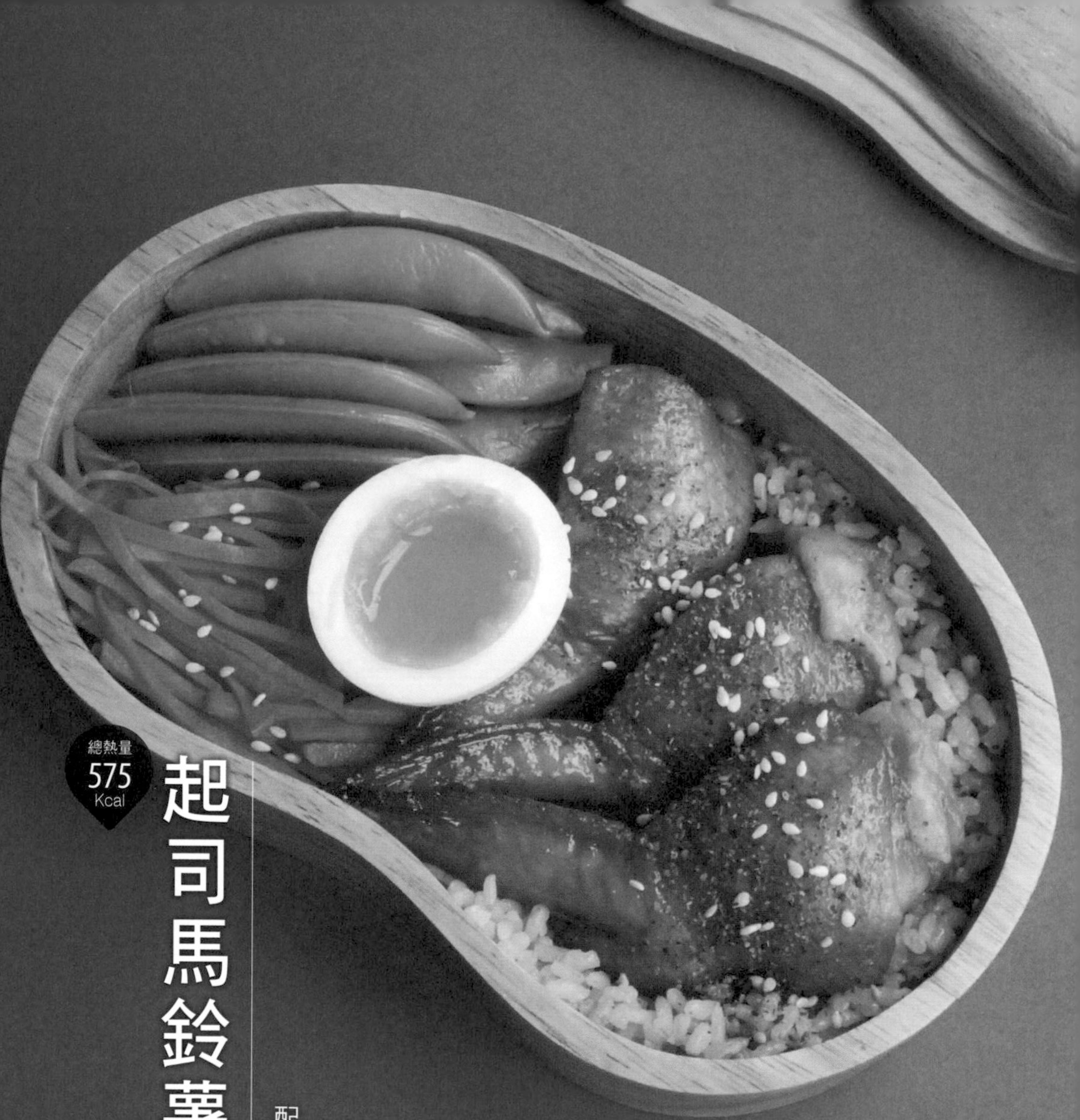

總熱量 575 Kcal

起司馬鈴薯雞翅便當

配菜▼

溏心蛋（第186頁）

麻油炒紅蘿蔔絲（第221頁）

燙甜豆（第224頁）

雞翅去骨看似困難，
其實很有趣也很有成就感，
去骨後要包什麼內餡
都可以自由發揮！

Kcal 336.3／蛋白質(g) 20.9／脂肪(g) 15.9／碳水化合物(g) 26.8

食材 1人份 烹調時間：70分鐘

• 雞翅 3支 • 乳酪絲 25克 • 馬鈴薯 1/4顆 • 洋蔥 1/8顆

【醃料】 • 日式醬油 2匙 • 味醂 2匙 • 米酒 1匙 • 七味粉 適量

備料

• 烤箱預熱180度，用剪刀將雞翅去骨（參照第22頁）。

• 將馬鈴薯及洋蔥切小丁，將馬鈴薯放入冷水中煮至熟成，取出備用。

作法

1 將雞翅，浸入【醃料】中，靜置至少20分鐘。

2 於平底鍋中倒入少許油，放入洋蔥炒至半透明狀，再加入煮熟的馬鈴薯丁、鹽巴拌炒，取出備用。

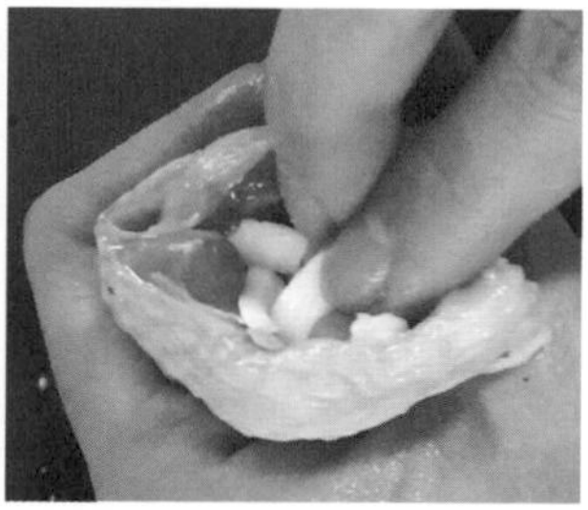

3 於醃好的雞翅中交錯放入馬鈴薯、洋蔥和乳酪絲，將雞翅開口處捏合。

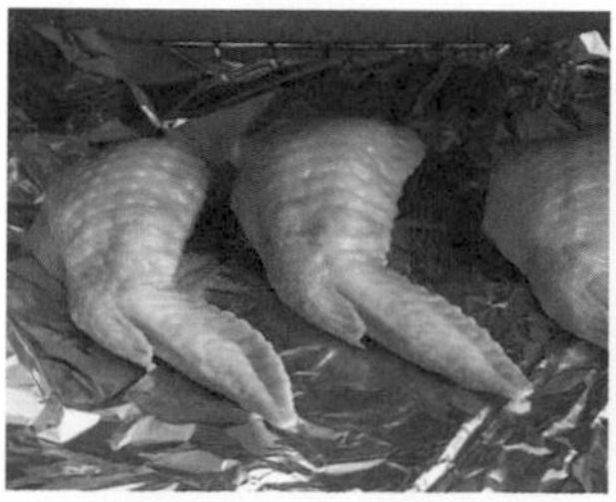

4 將雞翅放入烤箱烤10分鐘。

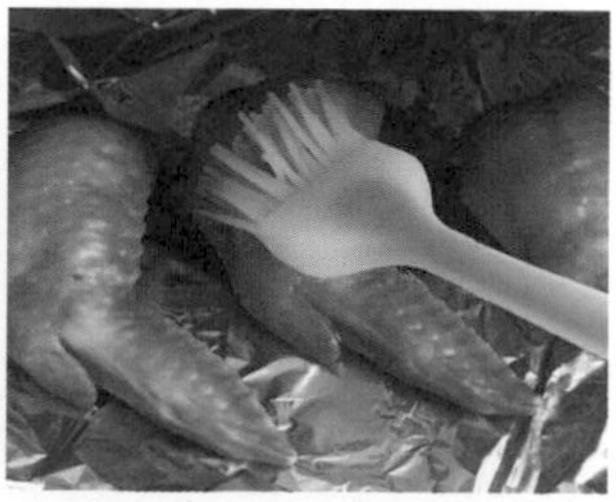

5 取出雞翅，刷上剩餘【醃料】再烤3分鐘；再取出刷醬烤3分鐘；重複4～5次就上色完成，最後再撒上七味粉即可。

Memo

如果沒有日式醬油，可以用一般醬油再加一點鰹魚粉。

總熱量
410.5
Kcal

韓式泡菜雞腿捲便當

配菜▼燙菠菜（第224頁）
配菜▼麻油炒紅蘿蔔絲（第221頁）
主食▼藜麥糙米飯（第232頁）

將喜歡的蔬菜
都捲在雞腿裡，一塊一塊
的很方便食用，也很適合
當作野餐料理喔！

Kcal 215.4 / 蛋白質(g) 22.3 / 脂肪(g) 10 / 碳水化合物(g) 8.6

食材 1人份 烹調時間:35分鐘

• 去骨雞腿排 1片(約150克) • 玉米筍 2根 • 泡菜 適量

【調味料】 • 泡菜汁 1大匙 • 醬油 1匙 • 砂糖 1匙 • 鹽巴 適量

備料

將去骨雞腿排斷筋(參照第23頁)、將雞腿排較厚的地方切除或片開並均勻抹上鹽巴。將泡菜擰乾備用。

作法

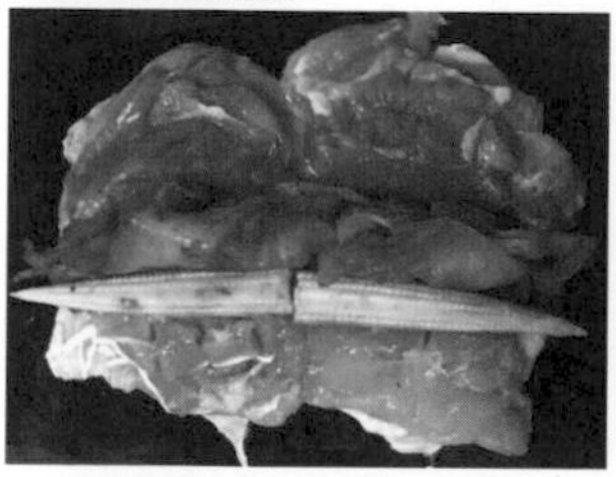

1 將雞腿排皮朝下攤平，於雞腿排底端鋪上泡菜及玉米筍。

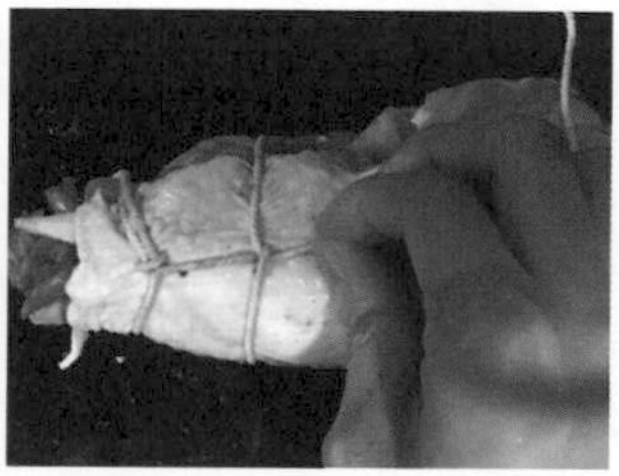

2 將雞腿排捲起，並用棉繩固定(作法請參照第96頁)。

3 將綁好的雞腿排放入電鍋中，鍋外放1杯水。

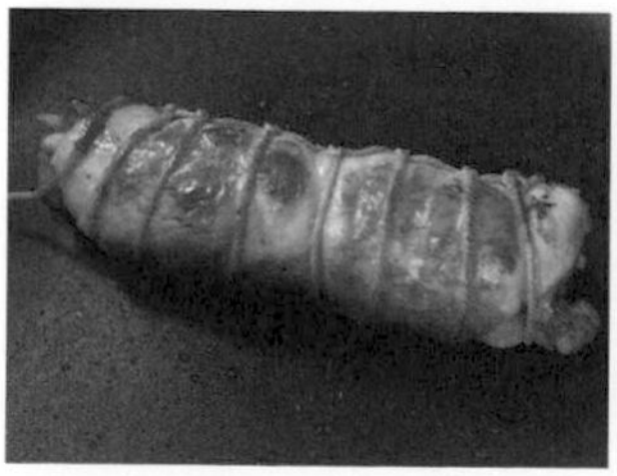

4 電鍋跳起後，將雞腿捲放入平底鍋中煎至雞皮變焦黃。

5 加入醬油、泡菜汁及砂糖，滾煮收汁即完成。

Memo

• 步驟2，如果沒有棉繩也可以用錫箔紙將雞腿捲包起來。

• 步驟3，如果沒有電鍋，也可以直接放平底鍋中，於鍋邊加水，蓋上鍋蓋悶煮，待水份收乾再進行步驟4、5。

栗子燉雞便當

總熱量
596.3
Kcal

配菜▼燙空心菜（第224頁）

與雞腿一起燉煮的
栗子，吸飽了雞汁和醬香，
差點搶了雞腿的風采。

Kcal **418.8** / 蛋白質(g) **33.2** / 脂肪(g) **12.2** / 碳水化合物(g) **45.5**

食材 1人份 烹調時間：60分鐘

・棒棒腿 1支 ・水煮栗子 40克 ・乾香菇 3朵 ・蔥 2支 ・薑 4克

【調味料】 ・醬油 2大匙 ・砂糖 1大匙

備料 乾香菇泡冷水，泡開後切四等份、雞腿切塊、蔥切段、薑切片。

作法

1 於平底鍋中倒入少許的油，加入蔥段、薑片。

2 加入雞腿肉炒至雞腿表面熟成後。加入砂糖拌炒至融化。

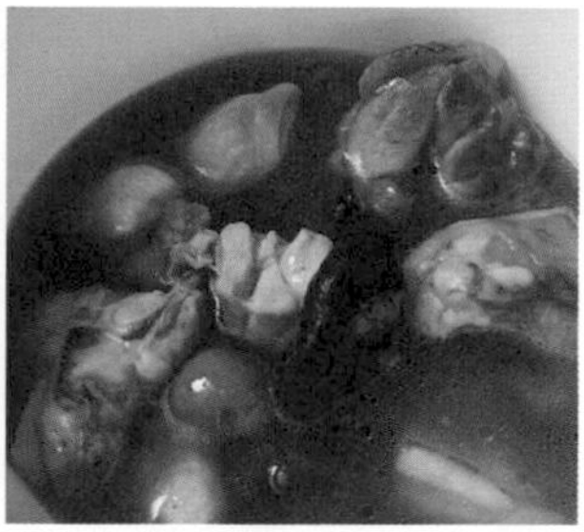

3 加入約300ml冷水、醬油、香菇、栗子，蓋上鍋蓋小火燉煮40分鐘即完成。

Memo

- 一開始不要加太多醬油，不但醬色可能會太重、且等到水分燒乾後也會變得更鹹。
- 燉煮雞肉建議使用土雞肉，比較耐煮，若用肉雞會太軟沒口感。
- 水煮栗子在超市或網路上皆可購入，是比較快速方便的做法，也可以用乾燥栗子做這道菜，但是要先用熱水泡開，也需要花較長的時間燉煮。

安東燉雞便當

總熱量
455.3
Kcal

配菜▼燙四季豆（第224頁）

韓式料理餐廳的
一道料理，與台式的
紅燒雞腿只有一線之隔，
關鍵在於醬汁的拿捏。

Kcal 305.3／蛋白質(g) 24.1／脂肪(g) 12.1／碳水化合物(g) 26.4

食材 2人份 烹調時間：60分鐘

• 帶骨雞腿肉 300克 • 馬鈴薯 1/2顆 • 紅蘿蔔 1/2根 • 乾香菇 4朵 • 洋蔥 1/2顆
• 蔥 3根 • 大蒜 4顆 • 薑 6克 • 乾辣椒 6根 • 生辣椒 1根

【調味料】 • 韓式糯米辣椒醬 1匙 • 醬油 2大匙 • 味醂 1大匙
• 米酒 1大匙 • 砂糖 1匙

備料 將帶骨雞腿肉、馬鈴薯、紅蘿蔔切塊；洋蔥切丁；乾香菇泡冷水，泡開後切半；大蒜、薑切末；乾辣椒、生辣椒、蔥切段，並將蔥白及蔥綠分開。

作法

1 於平底鍋中倒入少許的油，加入薑末、蒜末、乾辣椒、生辣椒爆香。

2 加入洋蔥、蔥段炒香。

3 加入雞腿、馬鈴薯、紅蘿蔔、砂糖拌炒至雞肉表面熟成。

4 加入乾香菇、香菇水、500ml冷水、醬油、味醂、米酒、韓式糯米椒醬，煮至沸騰，再轉小火、蓋鍋蓋燉煮50分鐘。起鍋前加入青花菜煮熟即可。

Memo

• 建議使用帶骨土雞腿，去骨雞腿會太柴。馬鈴薯不要切太小塊，長時間燉煮會消失！
• 每個品牌的醬油鹹度不同，建議一開始不要加太多，燉好之後不夠鹹再補。

滷雞腿便當

總熱量
505.6
Kcal

配菜▼
滷蛋、滷豆干
燙空心菜（第224頁）
燙小白菜（第224頁）

滷一鍋滷味最方便，
想的到的都可以丟下去滷，
滷好滷滿！

Kcal 355.6／蛋白質（g）35.3／脂肪（g）12／碳水化合物（g）25.2

食材 2人份 烹調時間：50分鐘

• 棒棒腿 2支　• 豆干 4片　• 雞蛋 2顆　• 蔥 2根　• 薑 2克　• 大蒜 4顆　• 辣椒 1根

【滷汁】 • 醬油 100ml　• 米酒 100ml　• 滷包 8克　• 砂糖 1大匙

備料

• 將薑切片、蔥切段並將蔥段、辣椒及大蒜拍扁。
• 將雞蛋放入滾水中煮8～9分鐘，取出後去殼備用。

作法

1 取一燉鍋中加入醬油、米酒、250ml冷水、滷包、砂糖煮至沸騰。

2 取一平底鍋中倒入少許油，加入薑片、蔥段、辣椒、大蒜以中火爆香，直到呈現焦黃色。

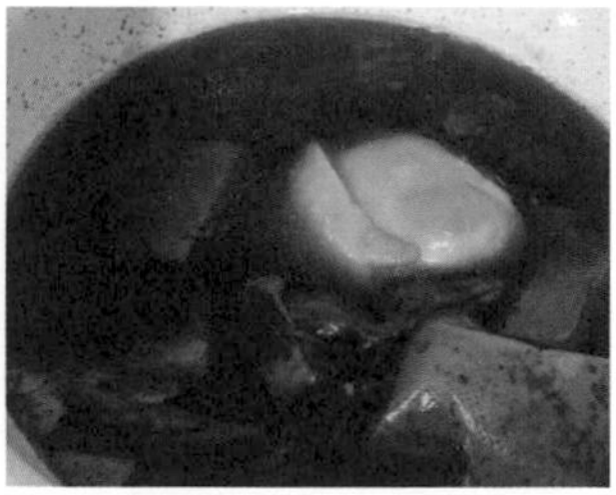

3 將雞腿、豆干、備料的水煮蛋及步驟2的辛香料加入燉鍋內，以小火滷30分鐘即完成。

Memo

• 每個品牌的醬油鹹度不同，可自行酌增減醬油量。
• 步驟2，切勿用太大的火去爆香，容易讓辛香料燒焦，進而產生苦味。
• 滷雞腿及豆干很重要的重點是：「要滾不滾」，用類似「泡熟」的方式來滷最佳。若用大火滾煮容易使雞皮破損、不美觀；豆干也容易產生孔洞、口感不佳。
• 本篇熱量估計包含滷豆干（2片）及滷蛋（1顆）。

總熱量
541.3
Kcal

三色鮮蔬豬肉捲便當

配菜▼酸甜小黃瓜（第215頁）香檸漬蘿蔔（第211頁）
三色玉子燒（第182頁）燙花椰菜（第224頁）燙菠菜（第224頁）

用豬肉將鮮蔬捲起來，
簡單的調味，讓每一口
吃到的都是豬肉和蔬菜
結合的鮮美。

Kcal 201.2 ／蛋白質（g）27.2 ／脂肪（g）6.8 ／碳水化合物（g）7.3

食材 1人份 烹調時間：25分鐘

・豬肉片 6片　・紅椒 1/4顆　・黃椒 1/4顆　・青椒 1/4顆

【調味料】 ・黑胡椒 適量　・醬油 1大匙

備料 將紅椒、黃椒、青椒切絲。

作法

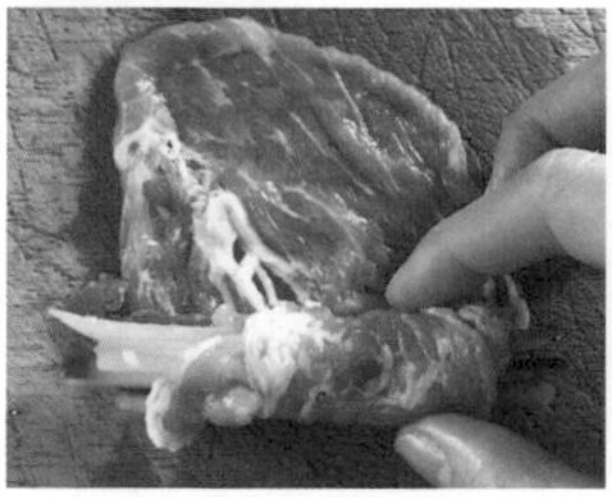

1 將豬肉片攤開，擺上紅椒、黃椒、青椒後捲起。

2 平底鍋中抹少許油，豬肉捲接口朝下放入鍋中。

3 將每一面都煎到焦黃，於鍋邊倒入2大匙水，蓋上鍋蓋悶煮至水分收乾。

4 打開鍋蓋，加入醬油滾煮收汁，起鍋前撒上黑胡椒即完成。

Memo

步驟2，不要太快翻動肉捲，煎到微焦再翻面，否則容易散開。

瓜仔蒸肉便當

總熱量 538.8 Kcal

配菜▼三杯杏鮑菇（第222頁）
燙小白菜（第224頁）

常常出現在我家餐桌的家常清粥小菜，不加大蒜是我家的口味，純粹欣賞脆瓜和豬肉的精采合奏。

Kcal 341.1 ／蛋白質(g) 29 ／脂肪(g) 22 ／碳水化合物(g) 5.4

食材 2人份 烹調時間：35分鐘

• 豬絞肉 150克 • 脆瓜 30克 • 大蒜 2顆

【調味料】 • 瓜子汁 3大匙 • 鹽巴 少許

備料

• 將市售脆瓜罐頭的脆瓜和瓜子汁取出，脆瓜剁碎。
• 大蒜切末。

作法

1 將剁碎的脆瓜、豬絞肉、大蒜、瓜子汁、1大匙冷水鹽巴放入可蒸容器中攪拌到產生黏性。

2 將拌好的瓜子肉放入電鍋中，鍋外放1杯水，電鍋跳起後再悶15分鐘即完成。

總熱量
489.2
Kcal

柚香金針菇肉捲便當

配菜▼麻油炒紅蘿蔔絲（第221頁）
溏心蛋（第186頁）
燙花椰菜（第224頁）
主食▼鹽漬櫻花飯（第231頁）

金針菇肉捲
一直都是一道討喜的料理，
加上一點柚子醬，
金針菇肉捲不再平凡。

Kcal 287.2／蛋白質(g) 31.6／脂肪(g) 7.2／碳水化合物(g) 26.2

食材 1人份 烹調時間：20分鐘

• 豬肉片 6片　• 金針菇 1/2包

【調味料】 • 柚子醬 1.5大匙　• 醬油 1大匙　• 米酒 2匙

作法

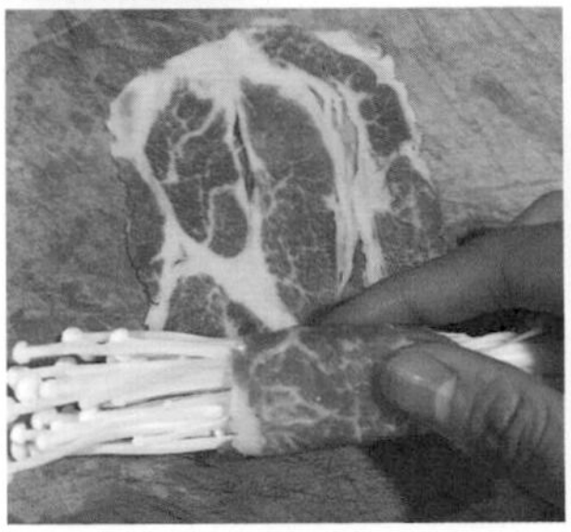

1 將豬肉片攤開，把適量金針菇置於肉片底部，將肉片捲起。

2 將肉捲接合處朝下，放入平底鍋中，煎至焦黃後翻面。

3 將豬肉捲每一面都煎到焦黃後，加入2大匙冷水，蓋上鍋蓋悶煮至水分收乾。

4 打開鍋蓋，加入【調味料】，滾煮收汁即完成。

總熱量
339.3
Kcal

糖醋里肌便當

配菜▼燙菠菜（第224頁）

將里肌肉醃得鹹香入味，
再裹上比例1：1：1的
糖醋醬，鹹甜的口味是
最迷人的地方。

Kcal 159.3 ／蛋白質(g) 16.7 ／脂肪(g) 4.2 ／碳水化合物(g) 13

食材 1人份 烹調時間：25分鐘

• 豬里肌肉 75克 • 紅椒 1/6顆 • 黃椒 1/6顆 • 青椒 1/6顆

【調味料】 • 白醋 2匙 • 砂糖 2匙 • 番茄醬 2匙

【醃　料】 • 醬油 1匙 • 米酒 1/2匙 • 砂糖1/4匙

備料

• 將里肌肉切小塊，與【醃料】一同放入容器中靜置至少15分鐘。

• 將紅椒、黃椒及青椒切小塊。

作法

1 於平底鍋中倒入少許的油，放入紅椒、黃椒與青椒，炒至軟化。

2 加入醃好的里肌肉，煎至表面呈現焦黃色。

3 加入【調味料】，滾煮收汁即完成。

總熱量 465.3 Kcal

香菇肉臊便當

配菜▼香煎蛋豆腐（第194頁）
燙地瓜葉（第224頁）

是家的味道，也是媽媽最喜歡的料理，因為只要煮一鍋，暫時不用煩惱要煮什麼。

Kcal **237**／蛋白質(g) **15.8**／脂肪(g) **10.9**／碳水化合物(g) **18.3**

食材 2人份 烹調時間：25分鐘

• 豬絞肉 150克 • 乾香菇 4朵 • 大蒜 1顆 • 油蔥酥 適量

【調味料】 • 白胡椒 少許 • 五香粉 少許 • 冰糖 2大匙 • 醬油 3大匙 • 米酒 3大匙

備料 大蒜切末、乾香菇泡冷水，泡開後切小丁。

作法

1 於平底鍋中倒入少許的油，加入蒜末爆香。

2 加入乾香菇，炒到香菇的香味出來。

3 加入豬絞肉炒至熟成。

4 加入冰糖拌炒。

5 加入醬油、米酒、300ml冷水、白胡椒、五香粉，蓋上鍋蓋小火悶煮至少15分鐘。

6 開蓋後加入油蔥酥拌勻即完成。

Memo

• 步驟4，加入冰糖可以讓肉臊不死鹹，且可以讓色澤更好看。
• 步驟5，五香粉的味道很重，建議加一點點就好。
• 每個品牌的醬油鹹度不同，一開始不要加太多醬油，因為肉臊會越煮越鹹，若一開始試吃的鹹度剛好，煮好之後反而會太鹹喔！

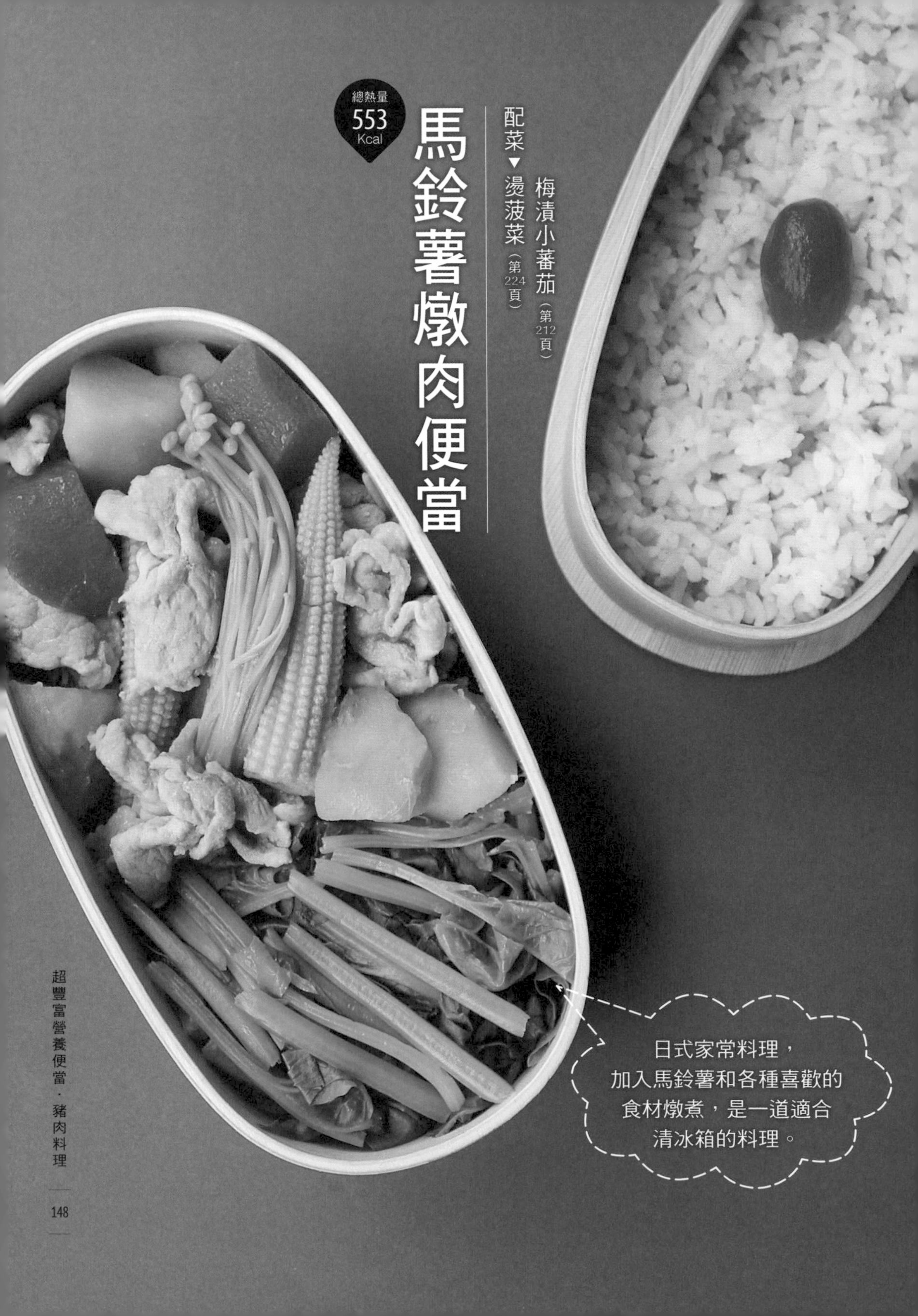

總熱量
553
Kcal

馬鈴薯燉肉便當

配菜▼梅漬小蕃茄（第212頁）
燙菠菜（第224頁）

日式家常料理，
加入馬鈴薯和各種喜歡的
食材燉煮，是一道適合
清冰箱的料理。

Kcal **372** ／蛋白質(g) **17.6** ／脂肪(g) **19** ／碳水化合物(g) **34.8**

食材 1人份 烹調時間：60分鐘

• 豬肉片 75克 • 馬鈴薯 1/4顆 • 紅蘿蔔 1/4根 • 玉米筍 1根 • 洋蔥 1/4顆

【調味料】 • 醬油 2大匙 • 味醂 2大匙 • 米酒 2大匙

備料

將馬鈴薯及紅蘿蔔切塊、洋蔥切絲、金針菇剝小撮。

作法

1 平底鍋內倒入適量油，加入洋蔥、豬肉片拌炒，豬肉片熟成時取出備用。

2 加入馬鈴薯、紅蘿蔔拌炒。

3 將平底鍋內食材倒入湯鍋中，加入【調味料】、250ml冷水及其他配料，蓋鍋蓋小火燉煮45分鐘。

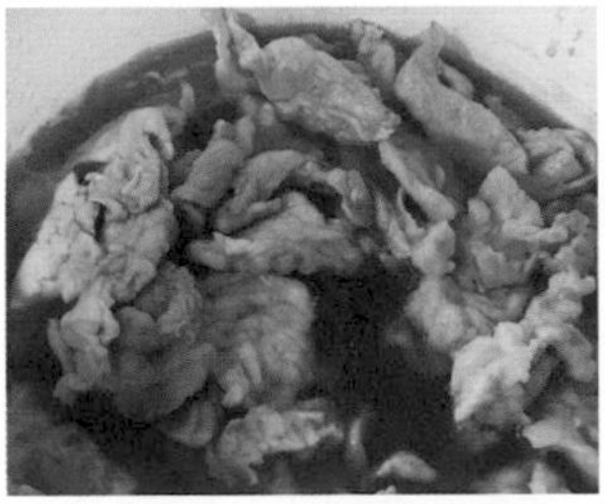

4 加入肉片後再煮5分鐘即完成。

總熱量
521
Kcal

高昇排骨便當

配菜▼燙菠菜（第224頁）

高昇排骨是紅燒排骨的一種，也是一道吉祥菜，調味料的比例是1:2:3:4:5，涵義是步步高昇。

Kcal 371／蛋白質(g) 19.8／脂肪(g) 23.1／碳水化合物(g) 20.7

食材 3人份 烹調時間：45分鐘

• 排骨 500克 • 蔥 2根 • 薑 2片

【調味料】• 米酒 1大匙 • 烏醋 2大匙 • 砂糖 3大匙 • 醬油 4大匙

作法

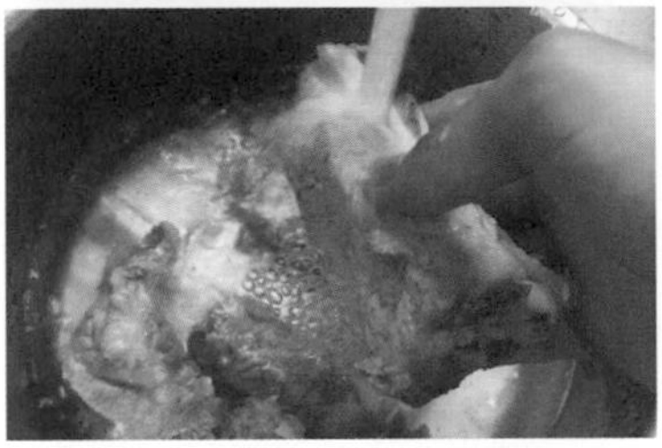

1 將排骨放入鍋中，加入可蓋過排骨的冷水加熱，待水沸騰時將水瀝掉、用冷水將排骨洗淨。

2 將排骨、蔥、薑、【調味料】及5大匙冷水放入乾淨的鍋中，蓋上鍋蓋小火燉煮30分鐘後打開鍋蓋、轉成大火、翻動排骨與醬汁，待醬汁變為濃稠狀即完成。

Memo

• 步驟1是為了去除排骨血水、髒污，冷水入鍋效果較佳。
• 醬汁須蓋過排骨，若醬汁不夠則等比例增加。
• 每個品牌的醬油鹹度不同，若醬油本身較鹹，可以補水。

總熱量
301.9
Kcal

迷迭香烤豬排便當

切片水煮蛋（第185頁）

配菜▼烤小番茄、烤南瓜、烤甜椒

將蔬菜放在肉底下烤，
可以讓蔬菜吸滿肉汁，
會變得非常美味！

Kcal 230 ／蛋白質(g) 23.7 ／脂肪(g) 5.9 ／碳水化合物(g) 22.4

食材 1人份　烹調時間：45分鐘

• 豬小里肌 100克　• 小番茄 3顆　• 紅椒 1/4顆　• 黃椒 1/4顆　• 南瓜 1/8顆

【調味料】 • 迷迭香 適量　• 黑胡椒 適量　• 鹽巴 適量

備料

• 烤箱預熱200度。
• 將紅椒、黃椒切絲，南瓜切片，於小番茄側面劃一刀。
• 用叉子將豬小里肌戳洞，均勻塗滿鹽巴、迷迭香、黑胡椒靜置至少20分鐘。

作法

將紅椒、黃椒、南瓜、小番茄鋪在烤盤上、淋上橄欖油，再放上醃好的豬肉，放入烤箱中烤25分鐘即完成。

Memo

• 豬小里肌就是俗稱的【腰內肉】，此部位脂肪含量少又非常軟嫩，非常適合正在飲食控制的人唷！
• 烤的時間與肉的厚度有關，可自行增減時間。

總熱量 470.1 Kcal

韓式拌飯便當

配菜▼

- 太陽蛋（第191頁）
- 辣拌黃豆芽（第219頁）
- 麻油拌菠菜（第218頁）
- 麻油炒紅蘿蔔絲（第221頁）

韓式燒肉，搭配黃豆芽、紅蘿蔔和菠菜，一顆半熟太陽蛋和一點韓式辣醬，沒錯！就是這個味道！

Kcal 467.4／蛋白質(g) 16.8／脂肪(g) 22.9／碳水化合物(g) 47

食材 1人份 烹調時間：25分鐘

• 豬肉片 75克 • 白飯 1/2碗 • 大蒜 1顆

【醃料】• 醬油 2匙 • 砂糖 1/2匙 • 米酒 1匙 • 香油 1/4匙

【醬料】• 市售韓式辣醬 適量

作法

1 將大蒜拍扁，並將豬肉片及所有【醃料】放入容器中拌勻，靜置至少20分鐘。

2 將豬肉片放入平底鍋中，煎熟即完成。

總熱量
552.4
Kcal

青椒牛肉炒飯便當

配菜▼蔥燒豆腐（第195頁）
湯大陸妹（第224頁）

記得要掌握每種食材
下鍋和起鍋的時機，
才能吃到軟嫩的牛肉和
清脆的青椒喔！

Kcal 503.7／蛋白質(g) 29.8／脂肪(g) 21.5／碳水化合物(g) 48.6

食材 1人份 烹調時間：20分鐘

• 牛肉 100克 • 青椒 1/2顆 • 雞蛋 1顆 • 飯 1/2碗 • 大蒜 2顆

【調味料】 • 白胡椒粉 適量 • 醬油 2匙

備料

• 青椒切絲；大蒜切碎；雞蛋加入少許鹽巴、白胡椒攪拌均勻。
• 牛肉用醬油、白胡椒醃至少10分鐘。

作法

1 於平底鍋中加入適量油，加入蒜末、牛肉絲拌炒，炒至牛肉七～八分熟後取出備用。

2 於鍋中再加入少許油，倒入蛋液，將蛋液攪拌成蛋碎。

3 加入飯拌炒，將飯炒開。

4 加入牛肉、蒜末、青椒及【調味料】拌炒均勻即完成。

Memo

如果不是用隔夜飯來做，飯一煮好的時候，建議先把飯拌鬆、放涼，飯比較不容易黏在一起。

總熱量
550.8
Kcal
泡菜牛肉炒飯便當
配菜▼滷蛋（第136頁滷雞腿）燙空心菜（第224頁）
天氣熱沒胃口時，
以泡菜為主軸，將食材
依序加入，一鍋到底，
輕鬆完成！

Kcal 507.1／蛋白質(g) 27.9／脂肪(g) 16.6／碳水化合物(g) 62.2

食材 1人份　烹調時間：20分鐘

• 牛肉 100克　• 飯 1/2碗　• 杏鮑菇 1/4根　• 泡菜 適量　• 洋蔥 1/4顆　• 蔥 1根

【調味料】• 醬油 1匙　• 泡菜汁 2匙　• 砂糖 1/4匙

備料

- 將牛肉切絲，加入1匙醬油及1大匙水，用手攪拌肉絲直到水份被肉絲吸乾，再加入1大匙水，直到肉絲無法再吸收水份。
- 杏鮑菇、洋蔥切小丁、蔥切蔥花，並將蔥白及蔥綠分開；泡菜擰乾後切小段。

作法

1 於平底鍋內倒入少許的油，放入蔥白、洋蔥、牛肉炒至牛肉表面熟成。

2 加入泡菜、杏鮑菇炒香，再加入飯炒開。

3 加入【調味料】、蔥綠拌炒一下即完成。

Memo

備料步驟1就是俗稱的【打水】，讓肉絲吸飽水分會讓肉絲更軟嫩。

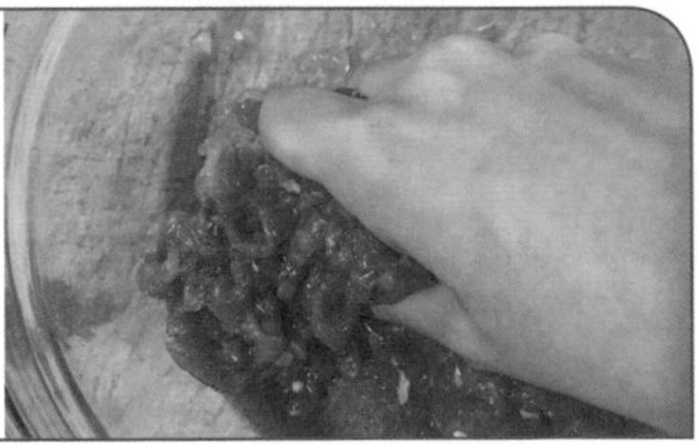

總熱量
470.1
Kcal

牧羊人派便當

配菜▼燙青花菜（第224頁）

肉醬作法（第168頁）

將熱牛奶拌入煮熟的
馬鈴薯中製成薯泥，
與番茄肉醬、乳酪交錯疊放，
每一口都是精華。

Kcal **253.2** / 蛋白質(g) **14.6** / 脂肪(g) **10.4** / 碳水化合物(g) **25.9**

食材 2人份 烹調時間:80分鐘

• 馬鈴薯 2顆　• 肉醬 100g　• 鮮奶 100ml　• 乳酪絲 適量

【調味料】• 鹽巴 1匙

備料

• 加熱鮮奶，烤箱預熱180度。
• 馬鈴薯去皮切成小塊，放入冷水中加熱約10～15分鐘至馬鈴薯熟成。

作法

1 將煮熟的馬鈴薯用叉子等器具壓成泥。

2 少量多次加入溫鮮奶攪拌至薯泥綿密，再加入鹽巴調味。

3 取一便當盒，層層放入薯泥、肉醬、薯泥、肉醬、乳酪絲、薯泥。

4 用叉子壓出花紋。

5 烤10分鐘至表面上色即完成。

Memo

• 勿使用電動調理機攪拌馬鈴薯，過度攪拌會影響薯泥的口感。
• 判斷馬鈴薯是否熟成：用筷子可以輕鬆插入代表熟成。
• 每台烤箱功率不同，烤箱溫度及時間自行調整，只要把薯泥表面烤上色即可。
• 薯泥、絞肉、乳酪絲層層放置剖面圖如右圖所示。

總熱量
558
Kcal

韓式紫菜包飯便當

韓式的壽司叫kimbap，
主要用麻油和芝麻拌飯，
呈現出別於日式壽司的
風味。

Kcal 558 ／蛋白質(g) 31 ／脂肪(g) 23.9 ／碳水化合物(g) 54.3

食材 1人份 烹調時間：40分鐘

・牛肉片 100克 ・飯 1/2碗 ・紅蘿蔔 1/2根 ・雞蛋 1顆 ・菠菜 適量

【調味料】・醬油 1大匙 ・米酒 2匙 ・砂糖 1匙 ・麻油 適量 ・鹽 適量 ・白芝麻 適量

備料 將煮好的飯加一點香油、鹽巴、白芝麻拌勻。

作法

1 牛肉：將牛肉片放入鍋中炒至九分熟，加入醬油、米酒、砂糖滾煮收汁。

2 依序鋪上保鮮膜、海苔。海苔粗糙面朝上，鋪上拌好的飯，上方留2公分不放飯。

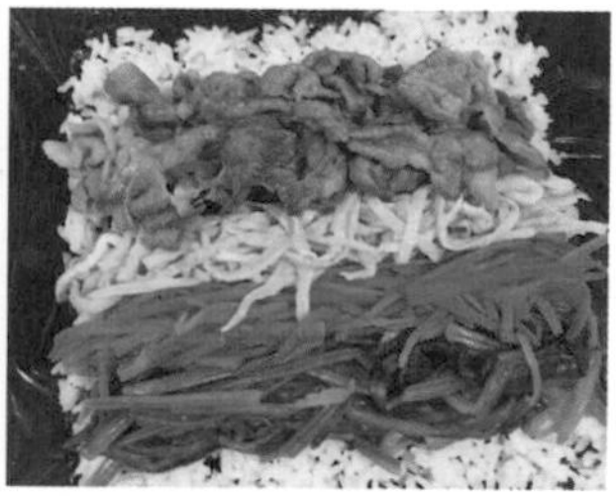

3 將牛肉、蛋絲(P181)、紅蘿蔔絲(P221)、菠菜(P218)鋪在飯上。

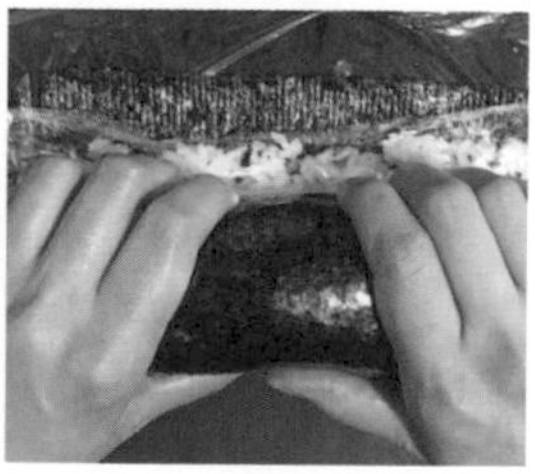

4 捲起後將飯捲靜置2分鐘定型、刀子先沾水再切。

韓式紫菜包飯捲圖示
外面白色那層是保鮮膜，裡面是海苔捲。在捲海苔時，千萬不要把保鮮膜也跟著海苔捲進去喔！

Memo

- 捲起時，把所有料集中在手指裡，稍微用力擠壓才會捲出緊實的飯捲。
- 初學者建議用多一點飯、少一點料，較容易捲得漂亮！
- 內餡要保持乾爽，才有利於定型，口感也更好。
- 步驟4，靜置能讓海苔黏得更緊密不易散。每切一次壽司前都將刀子沾水，就能切出漂亮切面。用麵包刀會更好切喔！

番茄和洋蔥長時間燉煮後
化成湯汁的一部分，
加上牛肋條釋放出的油脂，
湯頭香濃可口。

總熱量
322.3
Kcal

番茄燉牛肋便當

配菜▼燙青花菜（第224頁）

Kcal 172.3／蛋白質(g) 12.8／脂肪(g) 10.2／碳水化合物(g) 6.5

食材 2人份 烹調時間：60分鐘

• 牛肋條 250克 • 紅蘿蔔 1/2根 • 牛番茄 2顆 • 洋蔥 1/2顆 • 大蒜 3顆

【調味料】 • 迷迭香 1根 • 奧勒岡 2根 • 黑胡椒 適量 • 鹽巴 適量

備料 將牛肋條、洋蔥、番茄、紅蘿蔔切塊。

作法

1 將牛肋條放入鍋中煎至表面焦黃，取出備用。

2 用鍋內餘油爆香洋蔥及大蒜。

3 於燉鍋中加入所有食材及300ml水，蓋上鍋蓋小火燉煮50分鐘，加入適量鹽巴、黑胡椒調味即完成。

Memo

• 牛肋條煮過之後會縮小，要切大塊一點。先煎牛肋條可以鎖住肉汁。
• 迷迭香及奧勒岡可以用市售乾燥香料取代。
• 番茄長時間燉煮會化在湯裡，可以將1/3的番茄保留到起鍋前10分鐘加入，即可保留番茄的口感。

總熱量 380.3 Kcal

紅燒牛腩便當

配菜▼燙菠菜（第224頁）

花上大把大把的
時間燉煮，吃進嘴裡的當下
就會知道，耐心的等待
都是值得的。

Kcal 200.3／蛋白質(g) 14／脂肪(g) 10.5／碳水化合物(g) 14.5

食材 2人份　烹調時間：90分鐘

• 牛肋條 250克　• 紅蘿蔔 1/2根　• 白蘿蔔 1/2根　• 辣椒 1/2根　• 洋蔥 1/2顆
• 青蔥 2根　• 大蒜 2顆　• 薑片 4片　• 八角 1/2個

【調味料】 • 辣豆瓣醬 1.5匙　• 醬油 2大匙　• 砂糖 1匙

備料 紅蘿蔔和白蘿蔔切塊、洋蔥切絲、蔥切段、薑切片。

作法

1 將牛肋條放入燉鍋中，加入800ml冷水、1根蔥、薑，大火煮沸後轉小火煮30分鐘。

2 將牛肋條撈出切塊，並將水中雜質瀝掉備用。

3 另起一炒鍋，將八角、1根蔥、大蒜、辣椒炒到焦黃。

4 加入洋蔥、牛肋條、紅蘿蔔、白蘿蔔拌炒。

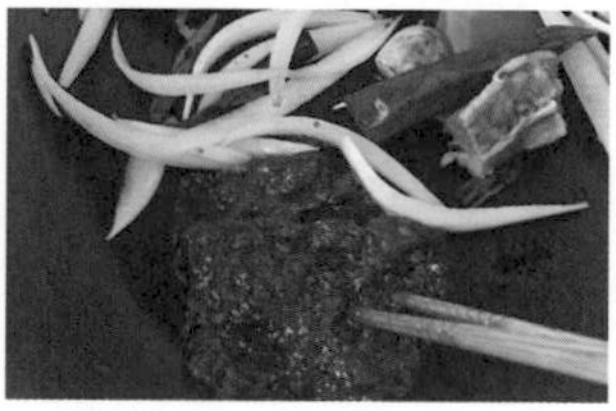

5 加入辣豆瓣醬拌炒到香味出來。

6 將炒鍋中所有食材倒入燉鍋，加入醬油、砂糖，蓋鍋蓋燉煮50分鐘即完成。

Memo

• 煮牛肋條完全不需要翻動。
• 要把辛香料都煸到焦焦乾乾的，但不要燒焦喔！不須將洋蔥炒軟，只要炒到香味出來就可以了。辣豆瓣醬一定要先炒過才會香。
• 步驟6，加入少許砂糖會讓紅燒牛腩不死鹹。

總熱量
676.1
Kcal

番茄肉醬義大利麵便當

配菜▼油醋生菜沙拉（第208頁）水煮蛋（第185頁）

很棒的冰箱常備菜，
要拌義大利麵、鋪在吐司上
做焗烤或是做牧羊人派，
都能輕鬆完成。

Kcal **504.2**／蛋白質(g) **34.8**／脂肪(g) **22.7**／碳水化合物(g) **42.8**

食材 1人份 烹調時間：60分鐘

• 豬絞肉 150克 • 義大利麵 40克 • 紅蘿蔔片 1/4根 • 牛番茄 1顆 • 西洋芹 1根
• 洋蔥 1/2顆 • 整顆去皮番茄罐頭 1/2罐 • 帕瑪森乳酪粉 適量

【調味料】• 黑胡椒 適量 • 月桂葉 1片 • 鹽巴 適量

備料 將洋蔥、西洋芹、紅蘿蔔切碎；牛番茄切塊。

作法

1 於鍋中加入橄欖油、洋蔥末、紅蘿蔔末、西洋芹末拌炒至水份收乾。

2 加入豬絞肉拌炒至豬絞肉熟成。

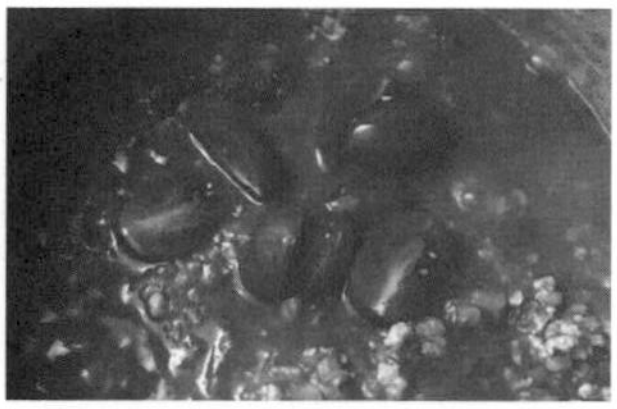

3 加入整顆去皮番茄罐頭、100ml冷水、月桂葉、牛番茄，蓋上鍋蓋小火滾煮40分鐘。

4 另起一鍋水，加入2匙鹽巴，水沸騰後加入義大利麵煮7分鐘。

5 打開肉醬的鍋蓋、轉中火滾煮收汁，加入鹽巴、黑胡椒、乳酪粉調味。

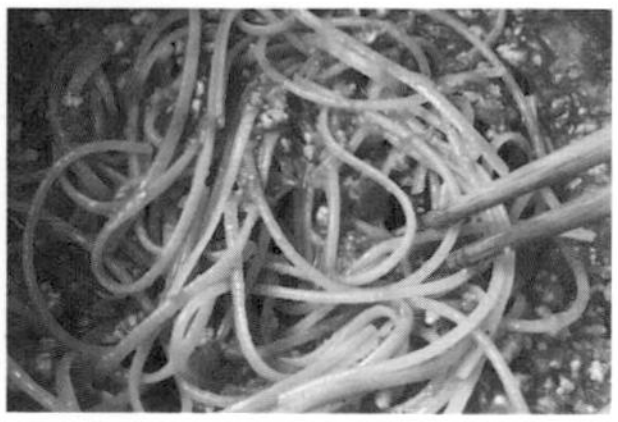

6 最後加入義大利麵拌勻即完成。

Memo

• 將洋蔥、紅蘿蔔、西洋芹的比例約為2：1：1。
• 步驟1及步驟2要炒到乾乾的香味才會出來。
• 步驟5要把肉醬要收到很乾，醬才會附著在義大利麵上。
• 步驟6，義大利麵不是要煮到「入味」，而是要盡量讓醬汁附著在麵條上。

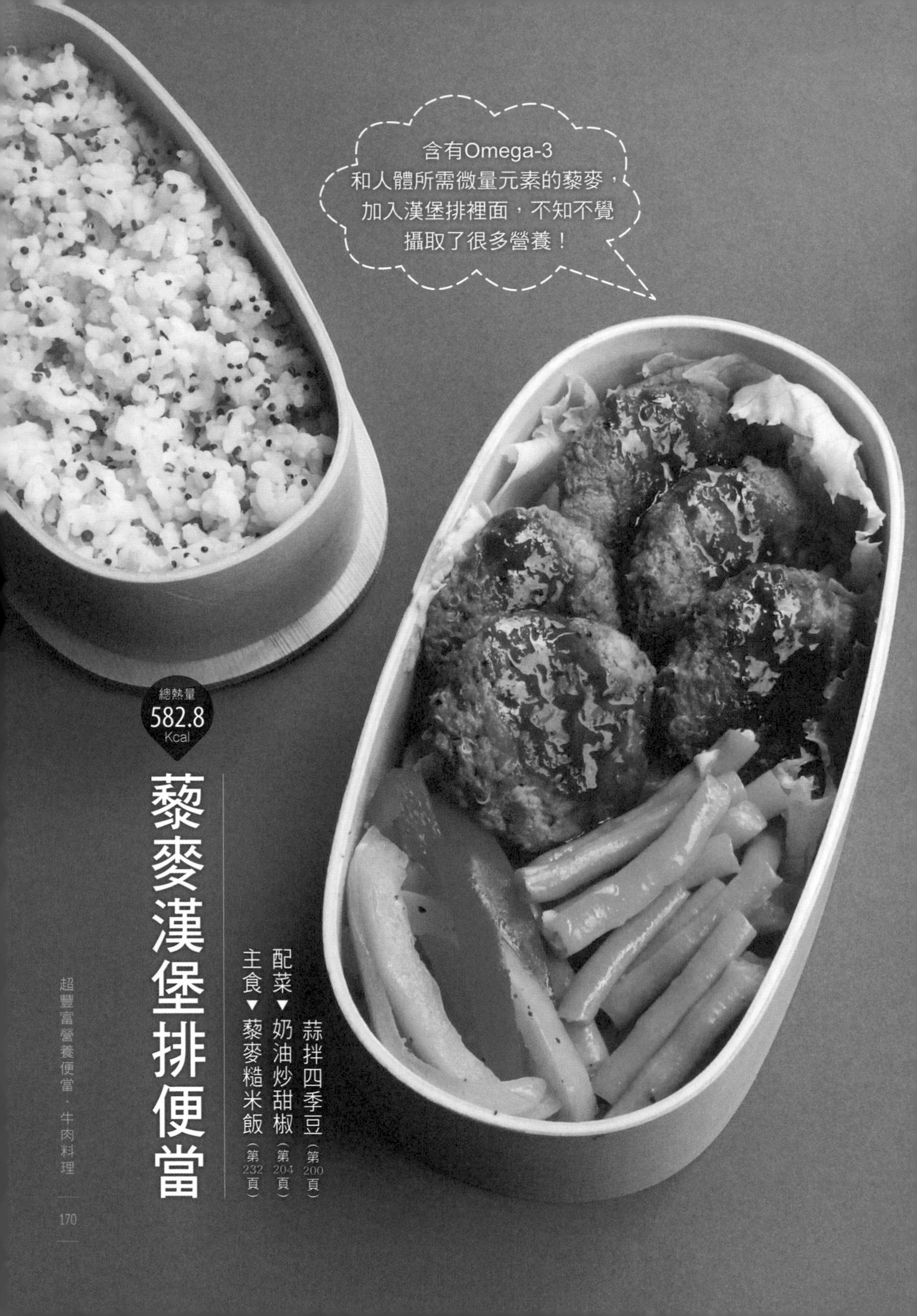

含有Omega-3
和人體所需微量元素的藜麥，
加入漢堡排裡面，不知不覺
攝取了很多營養！

總熱量
582.8
Kcal

藜麥漢堡排便當

蒜拌四季豆（第200頁）
配菜▼奶油炒甜椒（第204頁）
主食▼藜麥糙米飯（第232頁）

Kcal 341.3／蛋白質(g) 32.2／脂肪(g) 19.2／碳水化合物(g) 8.7

食材 2人份 烹調時間：30分鐘

• 牛絞肉 200克　• 豬絞肉 100克　• 熟藜麥 2大匙　• 蛋黃 1顆
• 洋蔥 1/4顆　• 鮮奶 適量
【調味料】 • 黑胡椒 適量　• 醬油 2匙　• 鹽巴 適量

備料 將洋蔥切碎。

作法

1 將牛絞肉、豬絞肉、熟藜麥、洋蔥碎、蛋黃、鮮奶、【調味料】放入料理盆中。

2 用手或筷子朝同一方向攪拌到絞肉產生黏性。

3 將絞肉平分成4～5等分（一顆大約40克），塑形成圓形。

4 將絞肉壓扁放入平底鍋中，煎至熟成即完成。

Memo

• 步驟4，漢堡排中央下壓成一個凹槽會比較容易熟。
• 漢堡排可以一次多做一點，分裝冷凍，要吃的時候再拿出來煎。
• 醬汁做法：將醬油1大匙、味醂1大匙、番茄醬1匙放入鍋中煮至濃稠即完成。

總熱量 307.9 Kcal

醬燒柳葉魚便當

配菜▼燙菠菜（第224頁）
椒鹽四季豆（第199頁）

用少量的油
將柳葉魚煎得酥脆，再裹上
鹹甜醬汁，最迷人的就是
咬破魚卵的瞬間。

Kcal 115.9 / 蛋白質(g) 14.1 / 脂肪(g) 3.9 / 碳水化合物(g) 5.4

食材 1人份 烹調時間：20分鐘

• 柳葉魚 9隻

【調味料】• 醬油 1大匙 • 米酒 2匙 • 砂糖 1匙

備料 將柳葉魚沖洗乾淨、擦乾（或風乾）。

作法

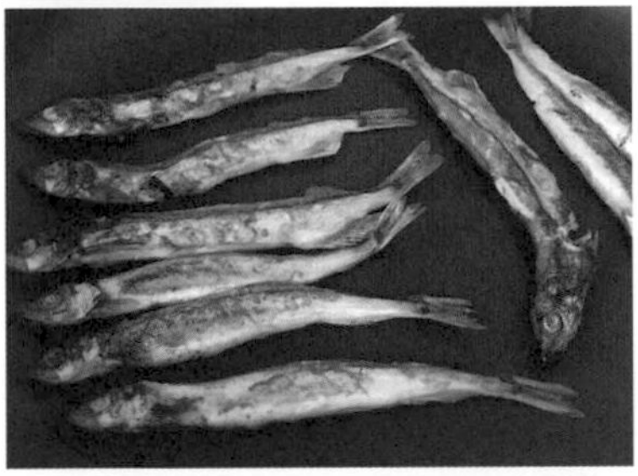

1 於平底鍋中抹上少許油，鍋熱後加入柳葉魚，煎至兩面焦黃。

2 加入調味料滾煮收汁即完成。

Memo

• 步驟1，建議不要把鍋子擺滿，比較好翻面。若鍋子不夠大，可以分2～3次煎。
• 步驟2，收汁建議用中小火，否則醬汁容易燒焦、變苦喔！

鹽烤秋刀魚便當

主食▼藜麥糙米飯（第232頁）

配菜▼燙A菜（第224頁）

蛋鬆（第187頁）

秋刀魚是一種價格實惠又營養的食材，富含不飽和脂肪酸OMEGA-3，對身體健康非常有益喔！

Kcal 816 ／蛋白質(g) 48.8 ／脂肪(g) 67.4 ／碳水化合物(g) 0

食材 1人份 烹調時間：25分鐘

• 秋刀魚 2隻

【調味料】 • 鹽巴適量

備料 烤箱預熱200度。

作法

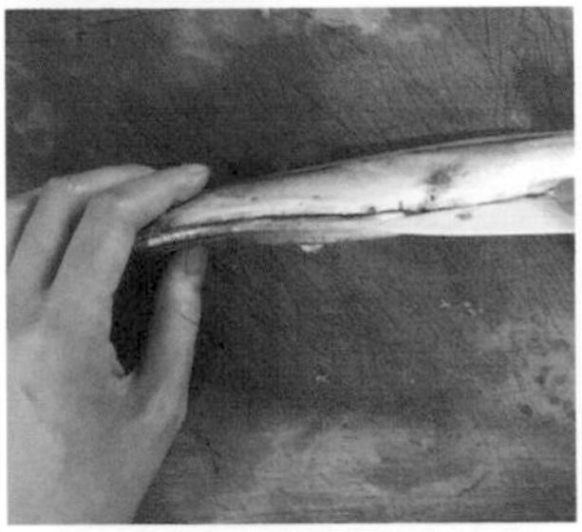

1 於魚肚劃一刀。

2 取出內臟，洗淨、擦乾。

3 於表面均勻抹上鹽巴。

4 放入烤箱烤10分鐘後取出塗上一層橄欖油，將烤箱溫度調整為250度再烤10分鐘即完成。

Memo

• 大家是否曾經在外面吃過很苦的秋刀魚，那可能是因為內臟沒有清洗乾淨，其實清洗內臟沒有你想像中的困難，只要簡單的幾個動作就能完成。

• 於表面塗上一點油，可以將魚皮烤的焦脆。

Ch 5

百變配菜料理
+暖心湯料理

怎麼搭配你來決定！
蛋、豆腐、米飯、蔬菜共50道，
都是我精心為便當所設計的超好搭料理，
還有我私心愛喝的
10道暖心暖胃湯料理喔！

此章節內的營養資訊皆以一人份計算。

原味玉子燒

剛開始做便當
最想挑戰的就是玉子燒，
一層一層將蛋捲起來，
超有成就感的！

Kcal 112.6／蛋白質（g）10.3／脂肪（g）7.4／碳水化合物（g）1.8

食材 2人份 烹調時間：10分鐘 • 蛋 3顆 • 鮮奶 1大匙 • 鹽巴 適量

備料 將蛋打散，加入鮮奶、鹽巴後攪拌均勻。

作法

1 於玉子燒鍋中抹上少許油，開小火加熱。（註：玉子燒鍋尺寸為長19cm寬13cm高3cm）

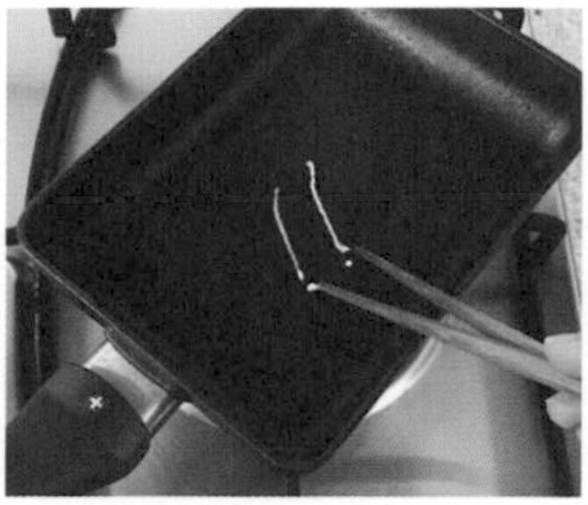

2 用筷子沾一點蛋液，在鍋子上畫一下，如果蛋液立刻熟成代表鍋子夠熱，此時可倒入1/3蛋液、均勻流滿鍋子。

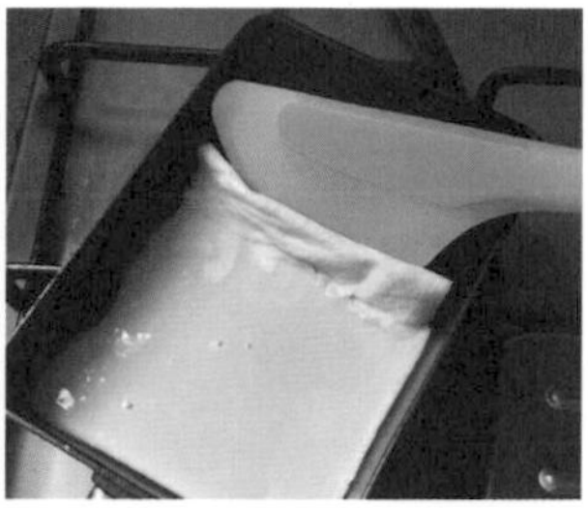

3 待蛋液加熱至七分熟時，用歐姆蛋神器將蛋皮由前往後捲。

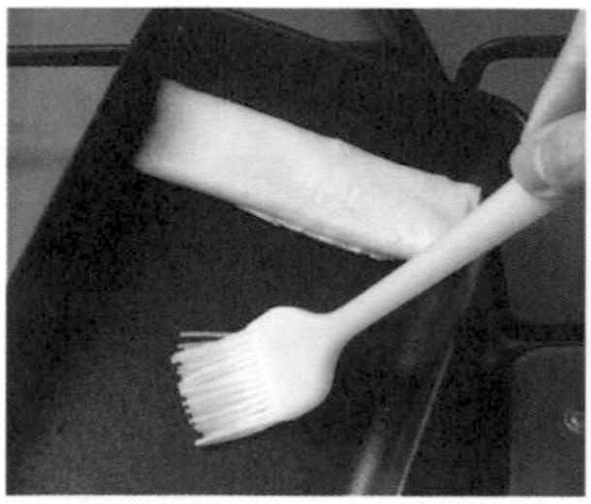

4 第一層捲好後，將蛋移到鍋子前端，於鍋中再抹一點油，再倒入1/3蛋液。

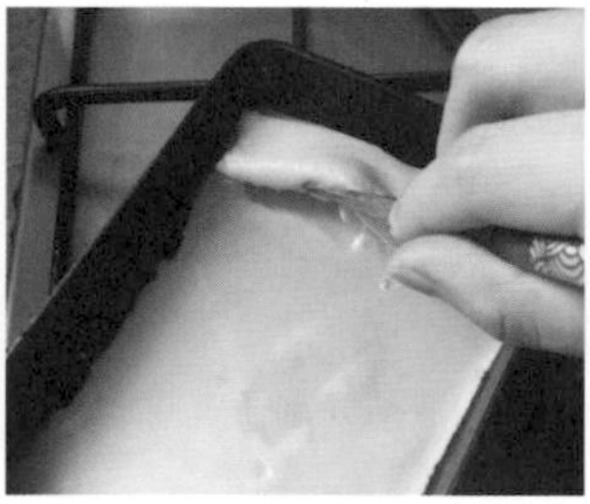

5 將第一層捲好的蛋，用筷子稍微抬起、傾斜鍋子，讓第2次倒入的蛋液能夠流到捲好的蛋下方。

6 待蛋液加熱至七分熟時，再利用歐姆蛋神器和筷子將蛋由前往後捲。

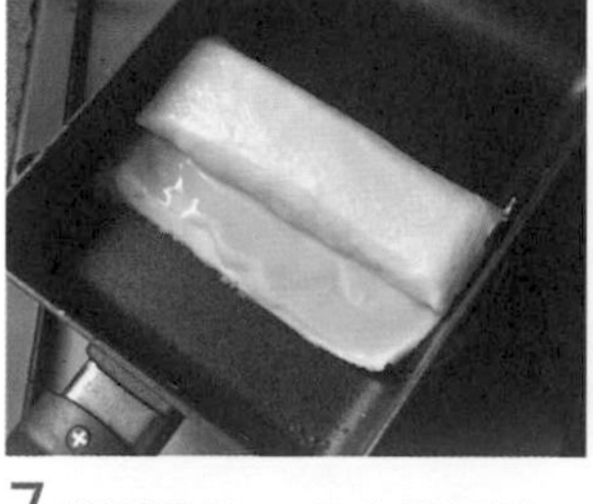

7 捲到最後，若空間不夠捲，將蛋往前移動再捲。第二層捲好後，再重複步驟4、5捲第三層。

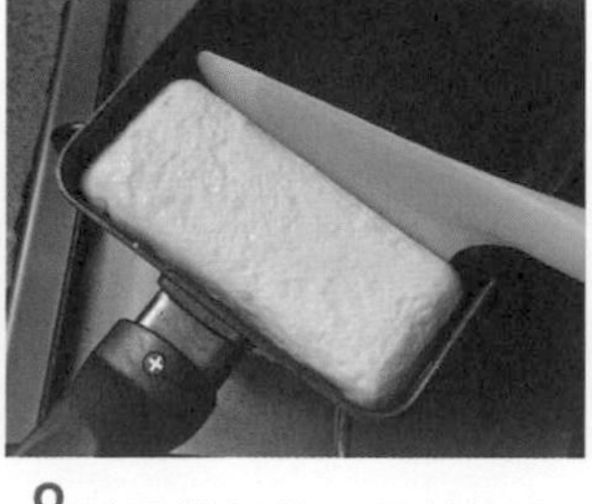

8 將已捲好的玉子燒四面分別貼住鍋子，邊加熱邊整形。

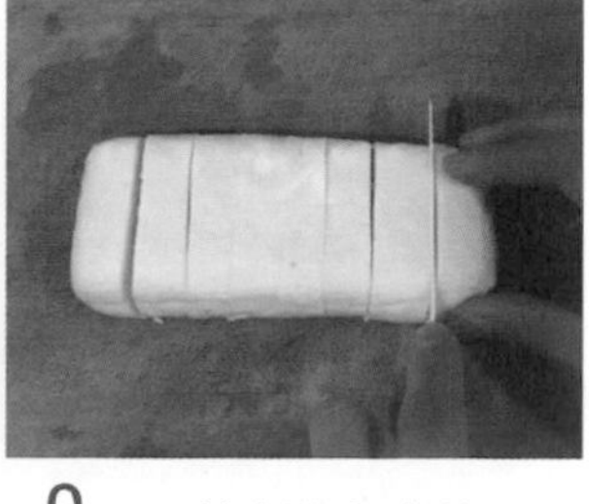

9 玉子燒製作完成後，取出放涼再切開即可。

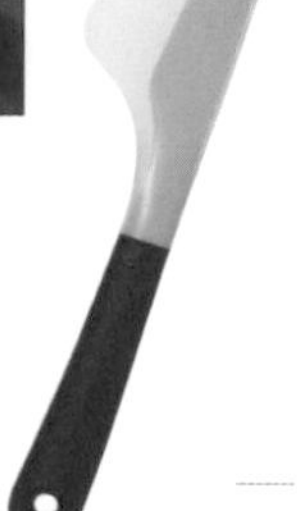

編輯推薦：OXO 好好握矽膠歐姆蛋神器
扁平的側向矽膠鏟，大面積翻面超簡單。

Memo

如何做出超美玉子燒

- 適量鮮奶很重要：蛋液中加入少許鮮奶，可讓蛋液熟成較慢，不會手忙腳亂；也可以讓玉子燒比較蓬鬆飽滿。但是鮮奶不可加太多，否則蛋皮太軟、不易熟成，容易破掉、不好捲。

- 捲的時機很重要：開始捲的最好時機就是蛋皮七分熟時，因為能夠利用表層未熟的蛋液跟已熟的蛋相連接，可將每一層的蛋皮緊密接合。許多人煎玉子燒會有一個困擾，就是感覺很像在吃「蛋皮捲」，就是因為太晚捲了，口感上會有阻礙。但是太早捲也不行，因為太早捲、蛋液還沒定型，蛋皮容易破裂而捲不起來喔。

- 適時離火很重要：對於煎玉子燒的新手而言，最困難的就是火候的控制，原本想說等它熟一點再開始捲，一眨眼就太熟了！建議用中小火加熱，慢慢地等待7分熟的到來！如果蛋皮捲不過去的時候先關火慢慢捲、捲好再開火，就不會手忙腳亂了。此外，小火加熱蛋液，也會讓蛋皮更加細緻，不會產生氣泡和孔洞。

- 最後整型很重要：由於每次都是在蛋皮七分熟的時候捲起，因此在捲好玉子燒時，內部的仍有部分未熟的蛋液，此時是整形的最好時機。如果想煎出非常美觀的玉子燒，可以在最後用鏟子將玉子燒壓向鍋邊，一方面讓裡面的蛋液熟成；一方面將玉子燒整形成橢圓形。

- 強大耐性很重要：捲第一層蛋皮是最容易破裂的，因為此時蛋皮還很薄。但是第一層捲的不好其實最後是看不出來的，只要有耐心地慢慢捲過去，再包覆上第二層、第三層蛋皮後，就會很美了！因此一開始破掉千萬不要放棄，繼續捲就對了！

蛋絲

Kcal 105.3／蛋白質(g) 8.3／脂肪(g) 6.6／碳水化合物(g) 3.5

食材 1人份 烹調時間：5分鐘

- 雞蛋 1顆
- 鮮奶 1匙
- 鹽巴 適量

作法

1 將雞蛋打散、加入鮮奶、鹽巴拌勻。於平底鍋中抹一點油，開小火、倒入1/2蛋液。

2 加熱至蛋液熟成，即完成一張蛋皮，以此類推再煎一張蛋皮。將蛋皮取出，冷卻後將蛋皮捲起、切絲即可。

Memo

- 若欲製作較厚的蛋皮，可以倒入更多蛋液。
- 中小火加熱可以避免產生氣泡，導致蛋皮表面不平整；也可以避免蛋皮上層未熟、底層太焦的問題。

三色玉子燒

食材

2人份　烹調時間：10分鐘

- 雞蛋 3顆
- 紅椒 1/8顆
- 黃椒 1/8顆
- 小黃瓜 1/3根
- 鮮奶 1大匙
- 鹽巴 適量

作法

1 將紅椒、黃椒、小黃瓜切碎。將雞蛋打散，加入紅椒、黃椒、小黃瓜、鮮奶、鹽巴攪拌均勻。

2 參照P178【原味玉子燒】的作法開始製作玉子燒。

Kcal 116.9／蛋白質(g) 10.4／脂肪(g) 7.2／碳水化合物(g) 3.6

紅蘿蔔愛心玉子燒

Kcal 118.5／蛋白質（g）10.4／脂肪（g）7.4／碳水化合物（g）3.4

食材 2人份　烹調時間：10分鐘

• 雞蛋 3顆　• 紅蘿蔔 1/3根　• 鮮奶 1大匙　• 鹽巴 適量

作法

1 將紅蘿蔔切碎；將雞蛋打散，加入鮮奶、紅蘿蔔攪拌均勻。

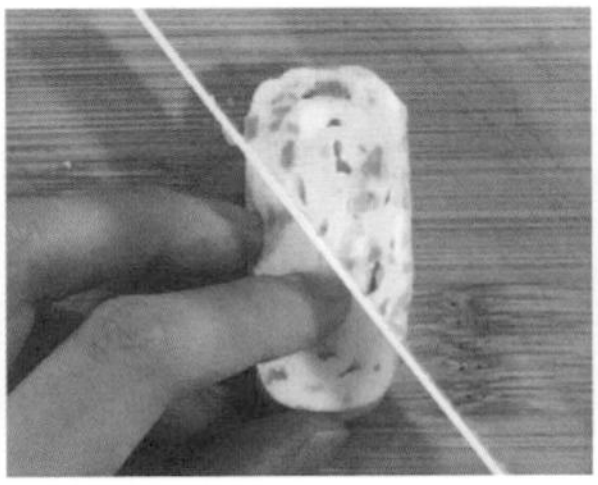

2 參照P178【原味玉子燒】的作法開始製作玉子燒。將玉子燒切片後將每一片玉子燒沿著對角切。

3 將底部往上翻轉即完成。

御飯糰造型玉子燒

Kcal 77.4／蛋白質(g) 6.7／脂肪(g) 4.7／碳水化合物(g) 2.3

食材 2人份　烹調時間：10分鐘

- 雞蛋 2顆
- 海苔 適量
- 鮮奶 2匙
- 味醂 1匙
- 鹽巴 適量

作法

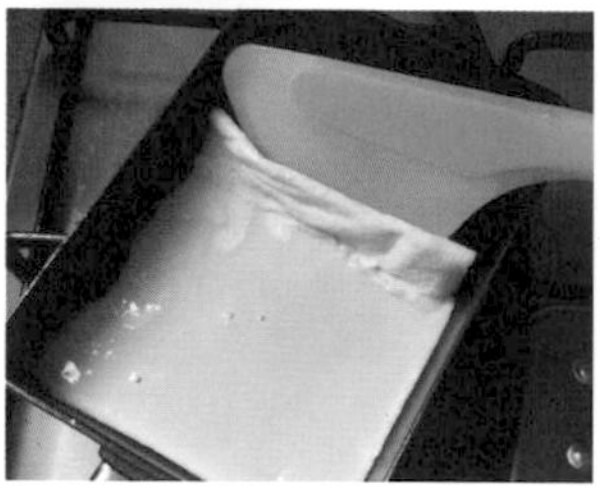

1 參照P178【原味玉子燒】的作法開始製作玉子燒。

2 趁熱將玉子燒包入烘培紙中，利用厚紙板（或竹簾）將玉子燒捏成三角形，靜置5分鐘。

3 待玉子燒冷卻、定型後再切片。最後貼上海苔片即完成。

切片水煮蛋

食材 1人份 烹調時間：17分鐘

・雞蛋 1顆　・鹽巴 1匙

作法

1 將雞蛋泡入冷水中，使雞蛋回復到室溫。於雞蛋氣室那一側，用尖銳物刺一個洞。

2 煮一鍋水、加入鹽巴，沸騰後加入雞蛋，前1分鐘須不斷攪拌使蛋黃置中。煮9分鐘後關火再泡1分鐘。

3 將蛋取出泡入冰水中冰鎮。將蛋殼剝掉，放到切蛋器上切片即完成。

Kcal 71.9／蛋白質(g) 6.7／脂肪(g) 4.7／碳水化合物(g) 1.0

Memo

- 步驟1，若沒先讓雞蛋回復到室溫，直接放入滾水中，可能會導致蛋殼破裂。
- 步驟2，可以使空氣流出，煮出來的蛋會比較圓。
- 若沒有切蛋器，可以用牙線來切，因為牙線較細，會有比較漂亮的切面。

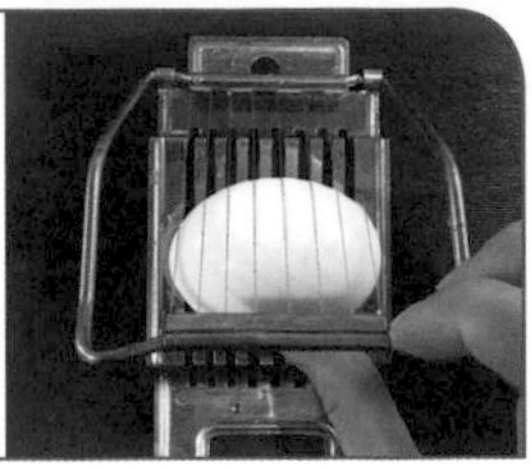

溏心蛋

Kcal 87.4／蛋白質(g) 7.1／脂肪(g) 4.7／碳水化合物(g) 4.4

食材 6人份　烹調時間：15分鐘

• 雞蛋 6顆　• 醬油 2大匙　• 味醂 2大匙　• 柴魚高湯（或水）8大匙　• 鹽巴 1匙

作法

1 同P185【水煮蛋】的作法煮6分45秒，將蛋取出泡入冰水中冰鎮。

2 將蛋殼剝掉，放入容器中，加入醬油、味醂、柴魚高湯。

3 在蛋的表面鋪上一張紙巾，冷藏靜置至少30分鐘（隔夜更佳）。將蛋取出切半即完成。

Memo

• 步驟1，煮的時間自6分30秒至7分鐘皆可，視個人喜好調整時間。
• 步驟3，鋪紙巾是為了讓沒有泡到醬汁的蛋，透過紙巾的毛細現象，也可以達到上色的效果。跟水煮蛋一樣可以用牙線來切。
• 柴魚高湯製作方式參照第246頁。

蛋鬆

食材

1人份　烹調時間：3分鐘

- 雞蛋……2顆
- 鮮奶……2匙
- 鹽巴……適量

作法

1 將雞蛋打散，加入鮮奶、鹽巴攪拌均勻。於平底鍋中抹上適量油，開小火、倒入蛋液。取8根筷子快速攪拌蛋液直到蛋液熟成即完成。

2 筷子要夠多、攪拌速度要夠快才會形成很細的蛋鬆，否則就變炒蛋了。

Kcal 75.1／蛋白質（g）6.9／脂肪（g）4.9／碳水化合物（g）1.2

番茄炒蛋

Kcal 51.7／蛋白質(g) 4.0／脂肪(g) 2.5／碳水化合物(g) 1.0

食材 1人份 烹調時間：5分鐘

- 牛番茄 1顆
- 雞蛋 1顆
- 鹽巴 適量

作法

1 牛番茄對切成8等分、雞蛋打散。於平底鍋中倒入適量油，加入牛番茄、鹽巴，蓋上鍋蓋悶煮到番茄出水變軟。將番茄撥到旁邊，將蛋液倒入鍋中。

2 蛋液底部開始熟成時，用筷子（或鏟子）慢慢撥動蛋液。與番茄一起翻炒到蛋呈現九分熟，加入鹽巴調味即完成。

Memo

- 步驟1，加入鹽巴可以幫助番茄出水。
- 番茄一定要炒到出水再倒蛋液，番茄和雞蛋才會結合在一起。
- 步驟3，蛋呈現九分熟時就要關火起鍋，起鍋時的蛋才會滑嫩，否則會太老。
- 蛋液倒入後不要太快翻動蛋液，否則蛋容易攪拌的太碎。

玉米炒蛋

Kcal 77.3／蛋白質(g) 5.2／脂肪(g) 4.4／碳水化合物(g) 5.1

食材 2人份　烹調時間：5分鐘

• 玉米粒 3大匙　• 雞蛋 2顆　• 蔥 1根　• 鹽巴 適量

備料 將蔥切成蔥花，雞蛋打入碗中，加入鹽巴攪拌均勻。

作法

1 平底鍋鍋底抹適量油，加入蔥花、玉米粒炒香。

2 倒入蛋液靜置一下，不要一倒入蛋液就翻動，否則蛋容易攪拌得太碎。

3 待蛋液底部開始熟成時，用鏟子將底部熟成的蛋翻到上面，直到蛋全部熟成即完成。

蝦仁炒蛋

Kcal 216.4／蛋白質(g) 37.9／脂肪(g) 5.9／碳水化合物(g) 1.8

食材 2人份 烹調時間：5分鐘

• 蝦子 8隻 • 雞蛋 2顆 • 薑 2克 • 鮮奶 2匙 • 米酒 1匙 • 鹽巴 適量 • 白胡椒 適量

備料

• 蝦子去殼，加入鹽巴、米酒、白胡椒，靜置3分鐘，薑切片備用。
• 雞蛋打散，加入鮮奶、鹽巴、白胡椒。

作法

1 平底鍋中倒入適量麻油，加入薑片用中小火爆香。加入蝦殼（含蝦頭）及蝦肉，待蝦殼炒透、蝦肉煎熟後，將鍋內所有食材取出備用。

2 將蛋液倒入鍋中，待蛋液底部開始熟成時，用鏟子（或筷子）慢慢撥動蛋液，炒到六～七分熟時加入蝦肉，待蛋呈現九分熟時即可起鍋。

Memo

• 蛋液中加入鮮奶，可讓蛋更加滑嫩，也不會攝取過多油脂。
• 用炒過蝦殼的麻油來炒蛋，可以完美的將蛋與蝦子結合。
• 麻油不可高溫加熱，易變質發苦。
• 步驟2，蛋呈現九分熟時就要關火起鍋，起鍋時的蛋才會滑嫩，否則會太老。

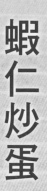

太陽蛋、荷包蛋

食材 1人份　烹調時間：3分鐘

• 雞蛋 1顆　• 鹽巴 適量　• 黑胡椒 適量

太陽蛋作法

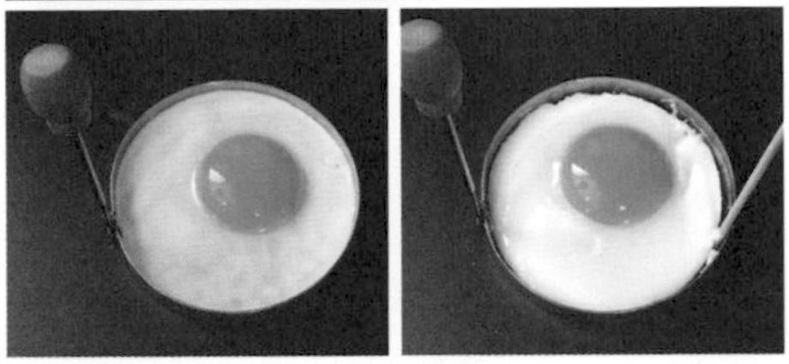

1 平底鍋及模具上抹油，小火加熱。鍋子微熱後，於模具中打入雞蛋。迅速用筷子將蛋黃移至中央。待靠近模具的蛋白熟成時，用筷子或竹籤沿著模具劃一圈，將模具取出。

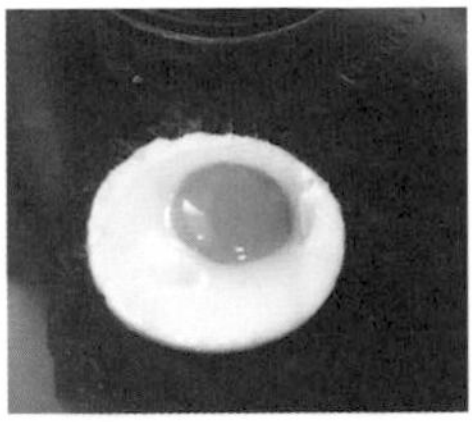

2 待蛋白八分熟時，於鍋邊加點水，蓋鍋蓋悶煮至喜歡的熟度加入鹽巴調味即完成。

Memo

打入雞蛋的時機非常重要，若鍋子過熱才打入，蛋黃會無法移到中間；若鍋子不夠熱就打入，蛋白會溢出模具。

Kcal 71.9／蛋白質(g) 6.7／脂肪(g) 4.7／碳水化合物(g) 1.0

荷包蛋作法

平底鍋抹油，開中火熱鍋。鍋子微熱後打入雞蛋，加入鹽巴，煎到底部熟成。翻面再煎到喜歡的熟度即完成。最後可依喜好撒上黑胡椒。

Kcal 119／蛋白質（g）7.9／脂肪（g）6.8／碳水化合物（g）7.8

食材 2人份 烹調時間：8分鐘

• 紅蘿蔔 1/2根 • 玉米粒 3大匙 • 雞蛋 2顆 • 鮮奶 2匙 • 蔥 1根 • 鹽巴 適量

備料

• 將紅蘿蔔切碎（玉米厚蛋則省略這個步驟）、蔥切成蔥花。
• 將雞蛋打入碗中，加入紅蘿蔔（或玉米）、蔥、鮮奶、鹽巴拌勻。

作法

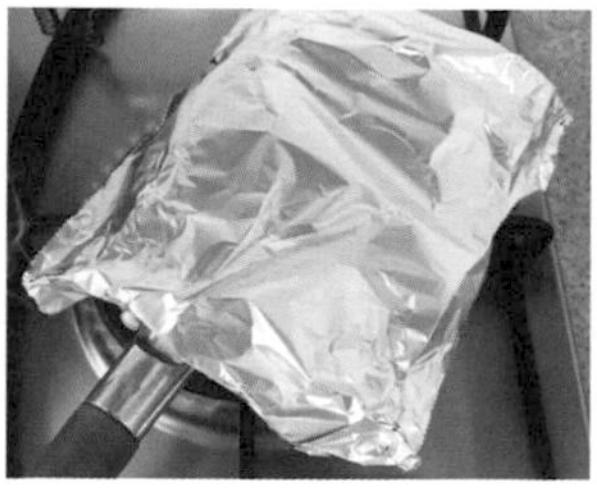

1 玉子燒鍋鍋底抹油熱鍋後，加入備料蛋液。

2 用鏟子推動蛋液直到蛋液無法流動，蓋上鍋蓋（或錫箔紙）煎2分鐘。

3 將蛋倒扣到盤子上，翻面再放入鍋中煎熟即完成。

鮮蔬烘蛋

Kcal 100.5／蛋白質(g) 7.7／脂肪(g) 5.0／碳水化合物(g) 7.5

食材 2人份　烹調時間：8分鐘

• 牛番茄 1/2顆　• 小黃瓜 1/2根　• 雞蛋 2顆　• 鮮奶 2匙　• 洋蔥 1/4顆
• 義大利香料 適量　• 鹽巴 適量

作法

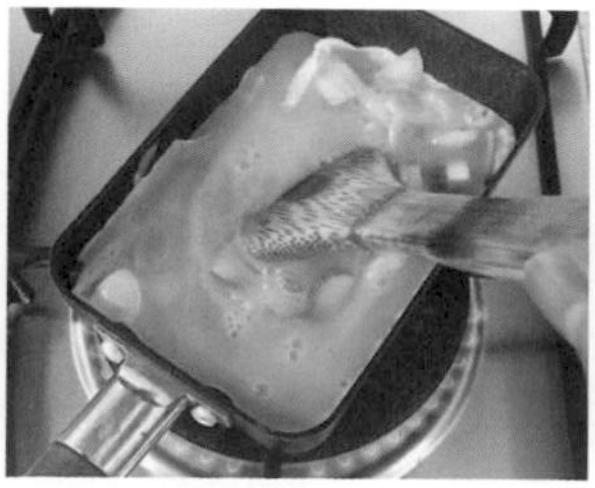

1 將洋蔥、小黃瓜、牛番茄切小丁備用。於玉子燒鍋內抹上適量油，加入洋蔥、小黃瓜、鹽巴、義大利香料拌炒到香味出來。

2 將雞蛋打散，加入鮮奶、鹽巴。倒入蛋液後用鏟子推動蛋一直到蛋液無法流動。

3 加入番茄丁，蓋上鍋蓋（或錫箔紙），小火煎到蛋液熟成即完成。（建議用小火做這道料理，否則上面還沒熟，底層就燒焦了。）

香煎蛋豆腐

Kcal 78.3／蛋白質(g) 6.9／脂肪(g) 4.5／碳水化合物(g) 2.7

食材 2人份 烹調時間：6分鐘

- 蛋豆腐 1盒

作法

1 將蛋豆腐切塊備用。

2 於平底鍋中抹少許油，待鍋熱後加入蛋豆腐煎至兩面焦黃即完成。

Memo

- 等鍋熱一點再放蛋豆腐會比較不容易沾黏。蛋豆腐煎成焦黃後比較不容易碎，因此不要太快翻動。
- 蛋豆腐翻面小技巧：用鏟子將蛋豆腐推到鍋邊，再用筷子將蛋豆腐推倒在鍋鏟上即翻面完成。

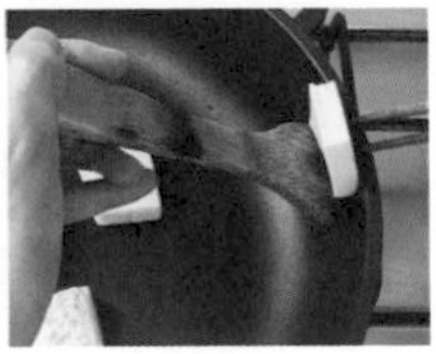

蔥燒豆腐

Kcal 97.4／蛋白質(g) 7.7／脂肪(g) 4.6／碳水化合物(g) 7.1

食材 2人份 烹調時間：8分鐘

• 蛋豆腐 1盒 • 蔥 2 根 • 辣椒 1/2根 • 醬油 1大匙 • 米酒 2匙 • 砂糖 1匙

備料 將蛋豆腐切塊、蔥切成蔥花、辣椒切小段。

作法

1 於平底鍋內抹上少許油，待鍋熱後加入蛋豆腐煎至兩面焦黃，取出備用。

2 於鍋中倒入少許油，放入蔥花、辣椒爆香。

3 加入醬油、米酒、砂糖、煎好的蛋豆腐拌炒收汁即完成。

金沙豆腐

捨棄油炸的方式，
慢煎一樣能夠完美吸附醬汁，
用兩顆鹹蛋黃來製作這道菜，
味道更香更濃。

Kcal **123.6** / 蛋白質(g) **10.2** / 脂肪(g) **7.6** / 碳水化合物(g) **4.3**

食材 2人份 烹調時間:10分鐘

• 蛋豆腐 1盒 • 鹹蛋黃 2顆 • 鹹蛋白 1顆 • 蔥 1根 • 大蒜 2顆 • 辣椒 1/2根

備料

• 將蛋豆腐切片、蔥切成蔥花、大蒜切末、辣椒切小段。
• 將鹹蛋黃與鹹蛋白分開，分別切碎。

作法

1 平底鍋中抹上少許油，放入蛋豆腐，兩面都煎到焦黃後取出備用（參照第194頁）。

2 於平底鍋中倒入適量油，加入蒜末拌炒到香味出來。再加入鹹蛋黃，炒到鹹蛋黃起泡。

3 加入蔥花、辣椒、鹹蛋白、1大匙冷水、蛋豆腐，拌勻收乾即完成。

Memo

• 蛋豆腐用煎的方式取代油炸，可以減少熱量的攝取。
• 鹹蛋黃切的越碎越好，也可以用湯匙背面或刀背將蛋黃壓成泥狀。
• 傳統金沙的作法會加比較多油去炒蛋黃，我是做少油版本的，因此要加一些水。

椒鹽香菇

Kcal 31.3／蛋白質（g）3／脂肪（g）0.1／碳水化合物（g）7.6

食材

1人份　烹調時間：5分鐘

- 香菇 100克
- 鹽巴 適量
- 白胡椒 適量

作法

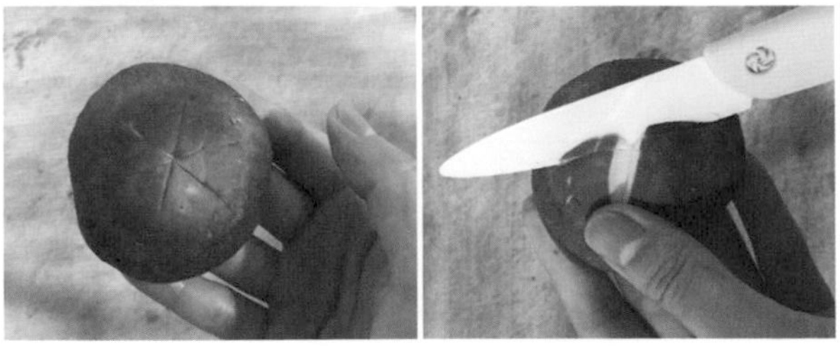

1 刀口與香菇垂直，切三刀、形成米字形。

2 於米字切痕右側，將刀口斜45度切一刀，刀口角度不變、180度轉動香菇再切一刀，至此完成米字的一畫。重複步驟2，再切四刀即完成刻花。

3 將香菇蒂頭切下，整朵香菇放入鍋中乾煎。煎到香菇出水、軟化時，撒上鹽巴及白胡椒即完成。

椒鹽四季豆

食材 2人份　烹調時間：12分鐘

・四季豆 200克　・鹽巴 適量　・白胡椒 適量

作法

1 將四季豆的粗纖維剝掉、再剝小段。

2 於平底鍋中加入適量油，放入四季豆，用中小火慢慢煎至乾乾焦焦的。

3 加入鹽巴、白胡椒拌勻即完成。

Kcal 23／蛋白質（g）1.7／脂肪（g）0.1／碳水化合物（g）5

蒜拌四季豆

食材 2人份　烹調時間：12分鐘

• 四季豆 200克　• 大蒜 4顆　• 鹽巴 適量　• 麻油 1/2匙

作法

1 將四季豆的粗纖維剝掉、再剝小段、大蒜切末。

2 將四季豆放入滾水中煮分鐘，撈出放入冰水中冰鎮。

3 將水份瀝乾，加入蒜末、鹽巴、麻油拌勻即完成。

Kcal 34／蛋白質(g) 1.7／脂肪(g) 1.4／碳水化合物(g) 5

蒜炒高麗菜

Kcal 21／蛋白質(g) 1.3／脂肪(g) 0.1／碳水化合物(g) 4.8

食材 2人份 烹調時間：7分鐘

- 高麗菜 200克
- 大蒜 2顆
- 辣椒 1/3根
- 鹽巴 適量

作法

1 將高麗菜剝小片、大蒜切末、辣椒切小段，備用。

2 於平底鍋內倒入適量油，加入大蒜、辣椒炒香。

3 加入高麗菜拌炒一下，再加入1大匙冷水，將高麗菜炒熟，以鹽巴調味即完成。

Memo

一般快炒會用很熱的鍋子、大量的油來炒，會比較有鍋氣，但是過度加熱食用油容易使油變質，熱量也會比較高。用少量的油搭配一些水來炒，炒出來的青菜非常清爽、脆口。

蒜炒小白菜

食材 2人份 烹調時間：7分鐘

• 小白菜 200克 • 大蒜 2顆 • 鹽巴 適量

作法

1 將小白菜切段、大蒜切末，備用。

2 平底鍋內倒入適量油，加入大蒜炒香。

3 加入小白菜梗炒20秒，再加入小白菜葉炒軟（菜梗比較不易熟，先下鍋炒一下再下葉子。）最後加入鹽巴拌勻即完成。

Kcal 9／蛋白質（g）1.2／脂肪（g）0.2／碳水化合物（g）1.9

蘑菇炒荷蘭豆

Kcal 39／蛋白質(g) 3.9／脂肪(g) 0.3／碳水化合物(g) 7.5

食材 2人份 烹調時間：8分鐘

- 荷蘭豆 30根
- 蘑菇 8朵
- 大蒜 2顆
- 鹽巴 適量
- 黑胡椒 適量

備料 荷蘭豆剝掉粗纖維，每朵蘑菇均切三等份，大蒜切末。

作法

1 於平底鍋中倒入適量油，加入蒜末炒香。

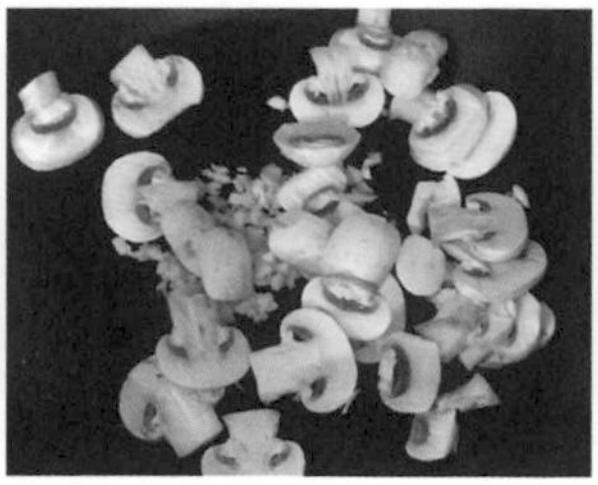

2 加入蘑菇拌炒，炒到表面焦黃（蘑菇要煎到微焦，香氣才會出來）。

3 加入荷蘭豆、1大匙冷水，蓋上鍋蓋悶到水份收乾，加入鹽巴、黑胡椒拌勻即完成。

奶油花椰菜
奶油炒甜椒

食材 2人份 烹調時間：8分鐘

- 花椰菜 200克
- 甜椒 100克
- 奶油 1匙
- 黑胡椒 適量
- 鹽巴 適量

作法

1 將花椰菜切小朵。（甜椒則切為條狀）

2 平底鍋中加入奶油、食材拌炒（花椰菜要炒到微焦）。

3 加2大匙水拌炒至花椰菜軟化。甜椒則要加入1大匙冷水，蓋上鍋蓋悶煮至水分收乾，加入鹽巴及黑胡椒拌勻即完成。

Kcal 58.4／蛋白質(g) 3.7／脂肪(g) 4.2／碳水化合物(g) 4.5

咖哩花椰菜

Kcal 36.2／蛋白質(g) 5.9／脂肪(g) 0.3／碳水化合物(g) 7.1

食材 2人份 烹調時間：8分鐘

- 花椰菜 200克
- 大蒜 2顆
- 咖哩粉 適量
- 鹽巴 適量

作法

1 將花椰菜切小朵、大蒜切末。於平底鍋中加入適量油，加入大蒜炒香。

2 加入花椰菜拌炒到微焦，再加入1大匙冷水、蓋上鍋蓋悶煮到水分收乾，最後加入咖哩粉及鹽巴拌勻即完成。

Memo

咖哩粉不適合高溫烹調，容易燒焦、變苦，因此最後加入調味即可。

香煎櫛瓜

食材

2人份　烹調時間：5分鐘

- 黃櫛瓜 200克
- 綠櫛瓜 200克
- 鹽巴 適量

作法

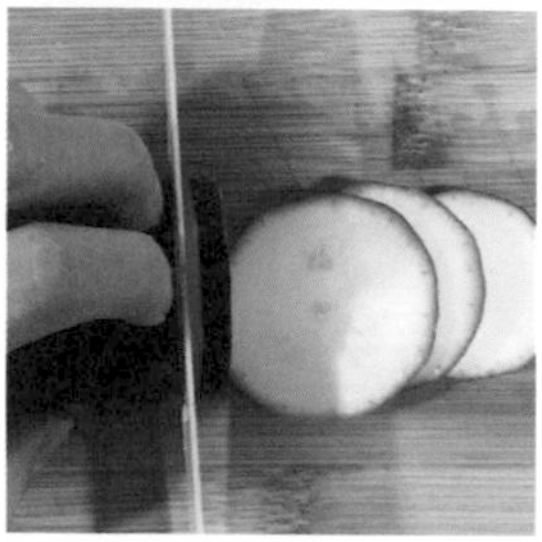

1 櫛瓜切片（櫛瓜煎過會縮，因此不要切太薄）。

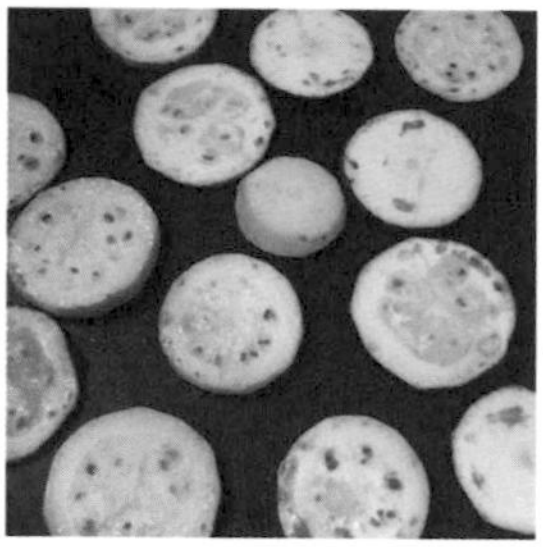

2 於平底鍋內抹一層橄欖油，放入櫛瓜煎到兩面焦黃，再撒上鹽巴調味即完成。

Kcal 24.6／蛋白質（g）3.6／脂肪（g）0.2／碳水化合物（g）4.5

黑胡椒洋蔥圈

Kcal **65.8**／蛋白質(g) **33**／脂肪(g) **0.8**／碳水化合物(g) **8.3**

食材 1人份 烹調時間：5分鐘

• 洋蔥 1/2顆　• 黑胡椒 適量　• 鹽巴 適量

作法

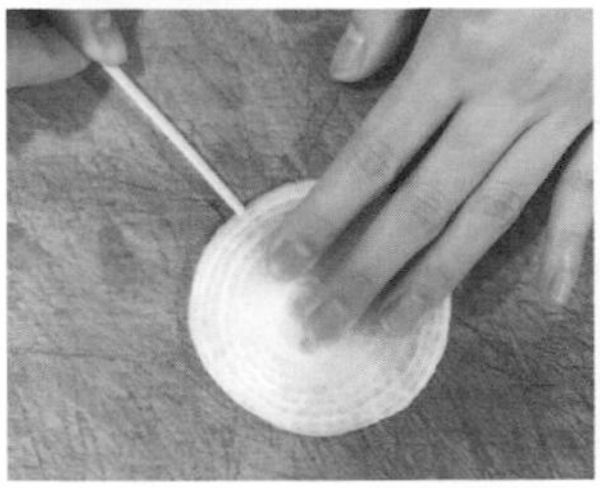

1 將洋蔥橫向切片、用竹籤串起。

2 於平底鍋鍋底抹上適量油，放入洋蔥。

3 煎到洋蔥出水軟化、表面焦黃後，撒上鹽巴及黑胡椒即完成。

Memo

一圈一圈的洋蔥受熱後會縮水，因次要用竹籤串起來固定，且洋蔥放入鍋中之後不要一直翻動，一面煎到焦黃後再翻面，否則容易散掉。

油醋生菜沙拉

Kcal 174.6／蛋白質(g) 1.1／脂肪(g) 15／碳水化合物(g) 9.3

食材 1人份　烹調時間：5分鐘

- 生菜 100g
- 果乾 1匙
- 橄欖油 1大匙
- 巴薩米克醋 1匙

作法

將各式生菜、蔬果、果乾放入容器中。淋上橄欖油及巴薩米克醋拌勻即完成。

Memo

- 最常見的生菜有美生菜、蘿蔓，另外波士頓奶油萵苣、紅珊瑚皺葉、香波綠也都是可作為生菜食用的。
- 可加入各種當季蔬果或喜歡的果乾（例如:蔓越莓乾、葡萄乾等等）。
- 油醋醬的比例為--油:醋=3:1，油醋醬的量則視生菜的量而定。

水果優格沙拉

食材

1人份　烹調時間：3分鐘

- 當季水果 100克
- 無糖優格 150克

作法

將水果切小丁，放入容器中。加入無糖優格拌勻即完成。

Kcal 195／蛋白質（g）6.2／脂肪（g）4.8／碳水化合物（g）32

Memo

- 優格的量以能夠均勻裹上水果為主。
- 水果可用任何當季的水果。不須再添加糖分，用水果天然的甜味就夠了。

醋漬蓮藕片

Kcal **88.4**／蛋白質(g) **1.7**／脂肪(g) **0.2**／碳水化合物(g) **21.6**

食材 3人份　烹調時間：10分鐘

• 蓮藕 1節　• 砂糖 2大匙　• 白醋 3大匙

作法

1 將蓮藕切薄片。煮一鍋水，加入少許白醋（可讓蓮藕片不變黑），沸騰後加入蓮藕片煮3分鐘。

2 將砂糖、白醋、4大匙水放入另一鍋中加熱，沸騰後1分鐘關火、放涼（白醋的嗆味比較重，煮過會比較順口）。

3 將蓮藕片取出，泡入冰水中冰鎮。將蓮藕片瀝乾，放入容器中，加入步驟2醬汁，放入冰箱靜置1天即完成。

香檸漬蘿蔔

Kcal 77.1／蛋白質(g) 0.7／脂肪(g) 0.2／碳水化合物(g) 29.8

食材 2人份 烹調時間：15分鐘

• 白蘿蔔 250克（1/4根） • 檸檬汁 1大匙 • 砂糖 2大匙

作法

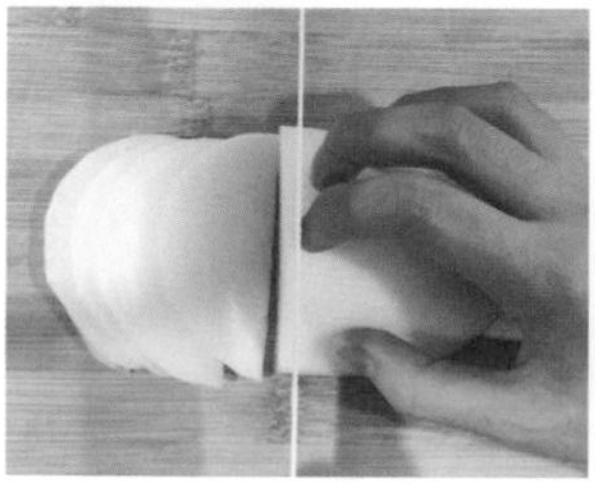

1 白蘿蔔縱向切半、再切薄片（盡量切薄一點，使蘿蔔可快速入味。）。

2 蘿蔔片放入容器中，加入1/2匙鹽，攪拌均勻後靜置10分鐘。

3 將蘿蔔片的澀水倒掉、擰乾後加入檸檬汁、砂糖拌勻，靜置至少15分鐘即完成。

梅漬小番茄

不用上餐館
也能吃到的精緻小菜，
其實作法超級簡單，酸甜的
口味，一吃就開胃！

Kcal 100.2 ／蛋白質(g) 1.5 ／脂肪(g) 0.9 ／碳水化合物(g) 23.9

食材 3人份　烹調時間：10分鐘

• 小番茄 400克　• 酸梅 8顆　• 砂糖 3大匙

作法

1 用刀子於小番茄的蒂頭處輕輕切一個十字。

2 將小番茄放入滾水中10～15秒。

3 撈出小番茄，泡入冰水中冰鎮。

4 將番茄皮剝除。

5 將去皮後的小番茄放入容器中，加入砂糖、4大匙冷水、酸梅，放入冰箱靜置1～2天即完成。

Memo

• 選用長型的小番茄口感比較Q彈，不容易軟爛。
• 步驟2，不需要燙太久，否則小番茄容易失去口感。
• 如果沒有酸梅，可以以2匙梅子粉替代。
• 不需要把水加滿，因為番茄還會再出水喔！
沒事的時候就去搖動一下小番茄，讓每顆小番茄均勻泡到醬汁。

蒜味小黃瓜

Kcal 91.2／蛋白質(g) 0.7／脂肪(g) 2.6／碳水化合物(g) 17.2

食材 3人份 烹調時間:20分鐘

- 小黃瓜 2根
- 大蒜 2顆
- 辣椒 1/2根
- 白醋 2大匙
- 砂糖 2大匙
- 麻油 1匙
- 鹽巴 2匙

作法

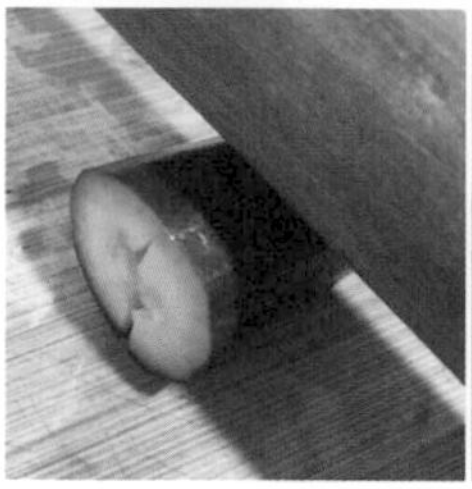

1將大蒜切末、辣椒切小段，備用。將小黃瓜用棍子或酒瓶輕輕敲裂，切小段、再對切成1/4。

2將小黃瓜放入袋子中，加入鹽巴拌勻，用重物壓15分鐘。將小黃瓜的澀水倒掉放入容器中，加入蒜末、辣椒、白醋、砂糖、麻油、1匙冷水。靜置30分鐘即完成。

酸甜小黃瓜

Kcal 69.4／蛋白質(g) 0.7／脂肪(g) 0.1／碳水化合物(g) 17.6

食材 3人份 烹調時間：15分鐘

- 小黃瓜 2條
- 鹽巴 2匙
- 砂糖 2大匙
- 白醋 3大匙

作法

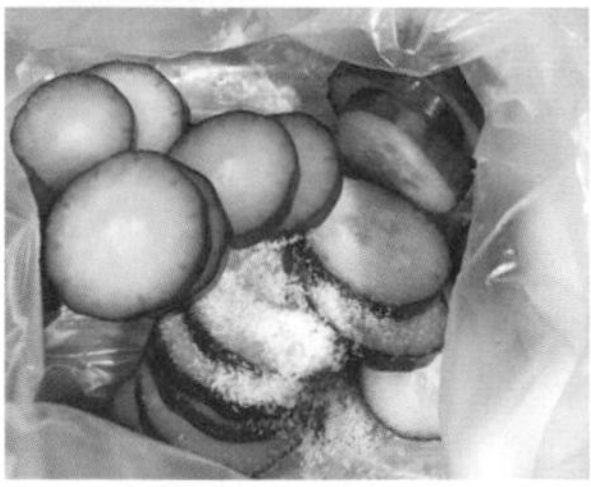

1 將小黃瓜切薄片。放入袋子中，加入鹽巴拌勻，用重物壓10分鐘。

2 將砂糖、白醋、4大匙冷水放入鍋中加熱，煮沸後1分鐘關火、放涼。

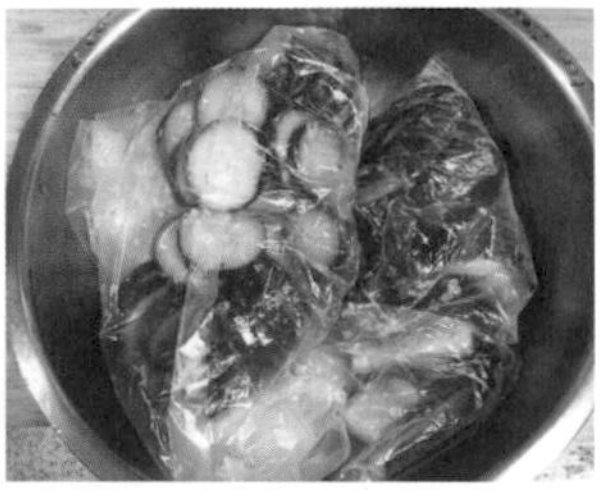

3 用飲用水將小黃瓜洗淨、擰乾後放入容器中，加入步驟2醬汁。靜置15分鐘即完成。

Memo

- 小黃瓜切薄片可以縮短醃製時間。
- 步驟1，就是俗稱的「殺青」，可以將小黃瓜的澀水壓出來以利入味。
- 白醋的嗆味比較重，煮過後會比較順口。

和風涼拌龍鬚菜

麻油薑絲拌龍鬚菜

Kcal 87.9 / 蛋白質(g) 3.9 / 脂肪(g) 5.1 / 碳水化合物(g) 9.0

食材 2人份 烹調時間：15分鐘

和　　風 •龍鬚菜 200克 •醬油1大匙 •味醂 1大匙 •白芝麻 適量
麻油薑絲 •龍鬚菜 200克 •薑 適量 •白醋 1大匙 •麻油 2匙 •鹽巴 適量

備料

將龍鬚菜去除粗纖維、剝小段，薑切絲。

作法

1 煮一鍋水，加入白醋，水沸騰後將龍鬚菜放入水中煮3分鐘。

2 撈出放入冰水中冰鎮。

3 和風口味：將水瀝乾後加入醬油、味醂拌勻，靜置5分鐘後，灑上白芝麻即完成。麻油薑絲口味：將水瀝乾後，加入薑絲、麻油、鹽巴拌勻，靜置5分鐘後即完成。

Memo

• 加醋是為了避免龍鬚菜變黑。
• 龍鬚菜一定要把粗纖維剝掉，否則口感會很不好。

麻油拌菠菜

食材 2人份　烹調時間：10分鐘

• 菠菜 200克　• 麻油 2匙　• 鹽巴 適量　• 白芝麻 適量

作法

1 將菠菜切段，備用。煮一鍋水，加入適量鹽巴，水沸騰後放入菠菜煮熟。

2 將菠菜撈起後，泡入冰水中冰鎮。

3 將水份瀝乾，加入麻油、鹽巴、白芝麻拌勻即完成。

Kcal 58.3／蛋白質（g）2.2／脂肪（g）5.3／碳水化合物（g）2.5

辣拌黃豆芽

食材 2人份　烹調時間：15分鐘

• 黃豆芽 200克

【調味料】 • 麻油 2匙　• 白醋 1匙　• 韓式辣椒粉 1大匙
• 砂糖 1匙　• 大蒜 2顆　• 鹽巴 適量　• 芝麻 適量

作法

1 將大蒜切末，備用。

2 黃豆芽放入滾水中燙熟，泡入冷水中冰鎮。

3 將黃豆芽瀝乾，加入所有【調味料】靜置至少10分鐘即完成。

Kcal 83／蛋白質（g）5.4／脂肪（g）6.2／碳水化合物（g）5.1

薑絲炒絲瓜

食材 1人份 烹調時間：5分鐘

• 絲瓜 100克 • 嫩薑 8克 • 鹽巴 適量

作法

1 於平底鍋中倒入適量油，加入薑絲炒香。

2 加入絲瓜拌炒約20秒。

3 加入50ml熱水（熱水可縮短烹煮時間，讓絲瓜保持翠綠、有口感），蓋上鍋蓋悶煮2分鐘，最後撒一點鹽調味即完成。

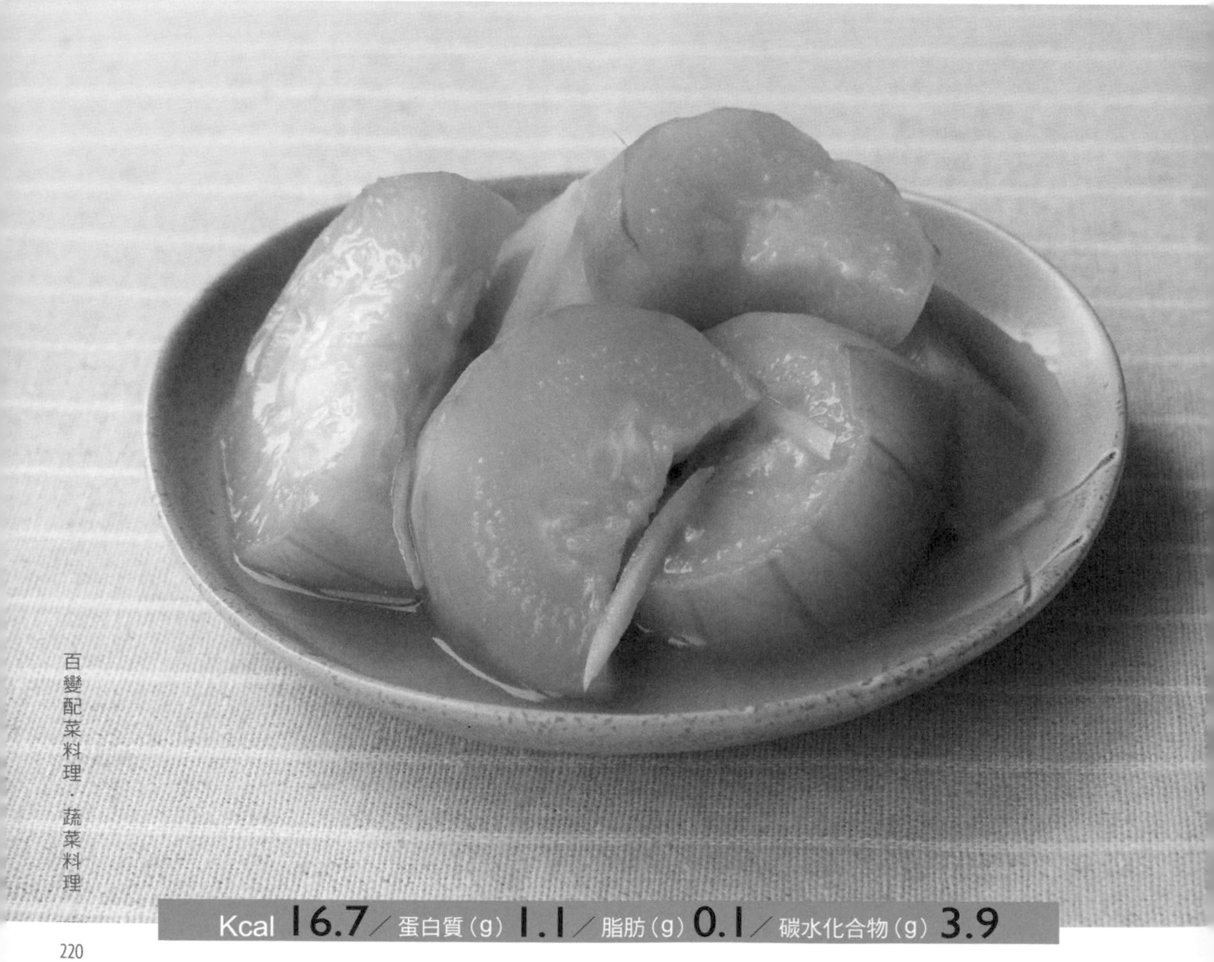

Kcal 16.7／蛋白質（g）1.1／脂肪（g）0.1／碳水化合物（g）3.9

麻油炒紅蘿蔔絲

食材 1人份　烹調時間：5分鐘

- 紅蘿蔔 100克
- 鹽巴 適量
- 麻油 適量

作法

1 將紅蘿蔔切絲。

2 平底鍋中倒入適量麻油，加入紅蘿蔔絲拌炒至出水、軟化。加入鹽巴拌勻即完成。

3 這種做法的紅蘿蔔絲口感比較脆，如果喜歡比較軟的口感，可以加一點水去煮。

Kcal 33.5／蛋白質（g）1.1／脂肪（g）0.1／碳水化合物（g）8.9

三杯杏鮑菇

Kcal 47.7／蛋白質（g）3.5／脂肪（g）0.2／碳水化合物（g）11.5

食材 2人份 烹調時間：8分鐘

• 杏鮑菇 2根 • 薑 3克 • 辣椒 1/4根 • 大蒜 1顆 • 九層塔 適量

【調味料】 • 米酒 2匙 • 醬油 1大匙 • 砂糖 1/2匙

備料 杏鮑菇切塊、薑切片、辣椒切小段、大蒜切末、九層塔取葉子的部分。

作法

1 平底鍋加熱至微熱，放入杏鮑菇煎到表面焦黃，取出備用。

2 平底鍋中倒入適量油，加入薑、辣椒、大蒜炒香。

3 加入杏鮑菇拌炒。加入【調味料】與九層塔拌炒收汁即完成。

Memo

• 杏鮑菇富含水分，放入鍋內時先不急著翻面，等煎到微焦再翻面煎，太快的翻動，杏鮑菇表面溫度不夠就會一直出水，煎不出焦黃色。

• 將杏鮑菇表面煎到微焦，可以讓醬汁更容易附著。

塔香鴻喜菇

Kcal 43.8／蛋白質(g) 1.7／脂肪(g) 0.1／碳水化合物(g) 10.5

食材 2人份 烹調時間：8分鐘

• 鴻喜菇 1包 • 大蒜 2顆 • 辣椒 1/2根 • 九層塔 適量

【調味料】 • 醬油 1大匙 • 米酒 1匙 • 砂糖 1匙

備料 鴻喜菇的蒂頭去掉、撥散，大蒜切末、辣椒切小段、九層塔取葉子的部分。

作法

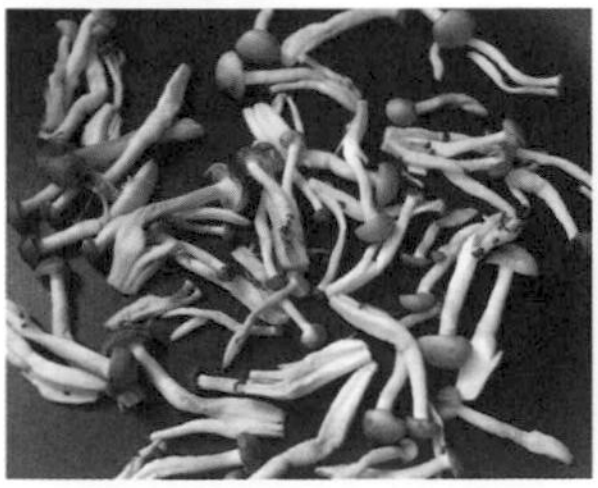

1 平底鍋加熱，放入鴻喜菇煎到焦黃（菇類含水量很高，熱鍋後再放入，先不急著翻動表面才會焦焦的，否則溫度不夠高會一直出水），取出備用。

2 於平底鍋中加入適量油，放入蒜末、辣椒炒香。加入鴻喜菇及【調味料】拌勻後關火。

3 加入九層塔拌勻即完成。

燙青菜

青菜的料理方式中，
我最喜歡的就是燙青菜，
不但可以吃到蔬菜的原味，
還可以平衡整個便當的
油脂含量！

食材 1人份　水煮時間：5分鐘（依不同菜種而定，在沸水中煮到軟化即可。）　微波時間：1分鐘

- 青菜

STEP 1 將青菜燙熟

水煮作法

1 先煮一鍋可蓋過蔬菜的水量，加入少許鹽巴。

2 水沸騰後將蔬菜放入，煮到稍微軟化即可。燙葉菜類的蔬菜，先將菜梗放入、再放入菜葉，才不會使菜葉過軟。

Memo

- 水量不需多，太多的水會讓青菜的營養價值流失太快。
- 蔬菜不須煮太久，不但會失去脆度、更會使營養價值流失。

微波作法

1 將蔬菜置於可微波的容器中、加入1匙水。

2 用盤子將容器蓋起、留一點縫隙放入微波爐中加熱30秒。取出攪拌後再放入加熱30秒。

Memo

實際微波時間視微波爐功率、蔬菜大小及易熟程度而有不同，請自行調整，以30秒為單位增加微波次數。

STEP 2 用冰水冰鎮

深綠色的葉菜容易氧化變黑，避免蔬菜變黑常見的做法是在水煮的時候加一點油，當蔬菜被取出時，表面會包覆著油，可避免跟空氣接觸而氧化。我常用的另一種方式是用冰水冰鎮，可避免攝取多餘的油脂，也讓蔬菜更加脆口。但冰鎮時間不宜過長，蔬菜冷卻即可取出，否則容易流失過多營養。

STEP 3 加入鹽巴調味

最後可以加一點鹽巴或其他調味料來調味，我習慣不再做任何調味，配著便當其他菜色一起食用，並不會覺得不夠鹹，也可以避免攝取過多鹽分。

酥烤薯條

食材

1人份　烹調時間：18分鐘

- 馬鈴薯 1/2顆
- 鹽巴 .... 適量
- 白胡椒 .... 適量
- 橄欖油 1匙

作法

1 馬鈴薯切條。烤箱預熱200度。將馬鈴薯放入微波爐中加熱1分30秒，取出攪拌後再加熱1分鐘。

2 將馬鈴薯均勻裹上橄欖油、撒上鹽巴，放入烤箱烤15分鐘，再撒上鹽巴及白胡椒即完成。

Kcal 89.3／蛋白質（g）1.6／脂肪（g）5.1／碳水化合物（g）9.5

栗子炊飯

食材 2人份 烹調時間：40分鐘

• 米 1杯 • 水煮栗子 15顆 • 葡萄乾 10顆 • 味醂 1匙 • 鹽巴 1/4匙

作法

1 將米洗好後，加入跟平常煮飯一樣的水量，浸泡40分鐘。

2 浸泡完畢後，加入鹽巴、味醂、鋪上栗子、葡萄乾。按照一般煮飯方式煮飯即完成。

Kcal 235.4／蛋白質(g) 4.9／脂肪(g) 0.9／碳水化合物(g) 53.4

Memo

用市售的水煮栗子可快速完成這道料理，用乾栗子也可以，但是要事先泡水。

鮭魚飯糰

將飯糰外層
煎到焦香，再塗上一層
鹹甜醬汁，喜歡吃鍋巴的人
一定會愛上！

Kcal 233.3／蛋白質(g) 15.9／脂肪(g) 4.1／碳水化合物(g) 32.6

食材 2人份 烹調時間：45分鐘

• 糙米飯 1碗　• 鮭魚 半片　• 鹽巴 適量

【醬汁】• 味噌醬 1匙　• 味醂 1匙　• 醬油 1匙　• 米酒 1匙

備料

• 將鮭魚均勻抹上鹽巴，靜置5分鐘，再將鮭魚沖水後擦乾。

• 將海苔剪成長方形、糙米飯煮熟。

作法

1 將鮭魚放入平底鍋中乾煎至熟成。

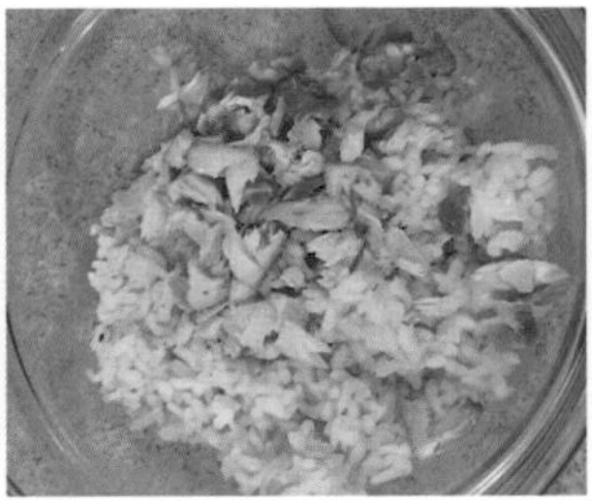

2 將鮭魚取出、剝碎後與飯攪拌均勻，捏成三角形。

3 將捏好的飯糰放入平底鍋中煎至焦黃，再於飯糰表面塗上【醬汁】，小火加熱15～20秒，翻面重複一樣的塗醬動作。最後黏上海苔（光滑面朝內）即完成。

捏三角飯糰手勢

1 將拌好的飯包入保鮮膜中捏緊。

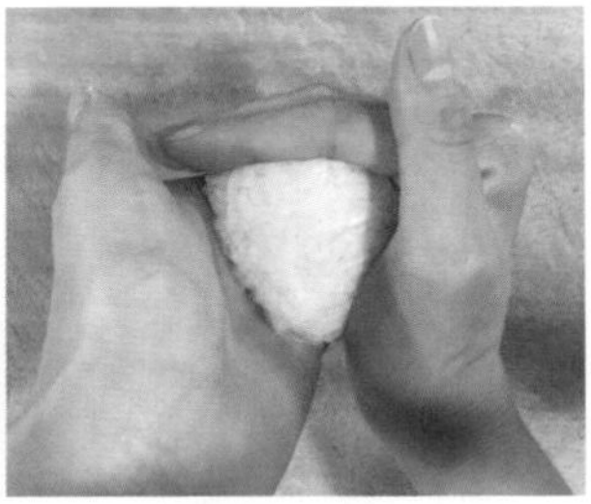

2 左手攤平、右手拱起，形成一個三角形。

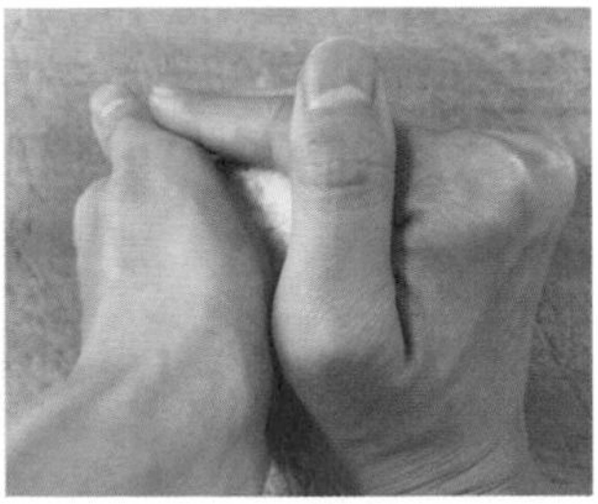

3 左手將飯糰包起，控制飯糰厚度、將飯糰不斷旋轉、捏緊，形成正三角形。

Memo

味噌醬直接接觸平底鍋很快就會燒焦，因此我會先把飯糰煎到焦脆再塗醬，醬塗上去後不要煎太久。

蛋鬆飯糰

Kcal 213.5／蛋白質(g) 10／脂肪(g) 5.7／碳水化合物(g) 31

食材 2人份　烹調時間：45分鐘

- 糙米飯 1碗
- 雞蛋 2顆
- 鹽巴 適量

備料 製作蛋鬆（參考【蛋鬆】），將海苔剪成長方形，將糙米飯煮熟。

作法

1 將蛋鬆、糙米飯、鹽巴拌勻，趁熱將飯分成4～6等份，捏成三角形。

2 將飯糰兩面煎到焦黃。

3 黏上海苔即完成。

鹽漬櫻花飯

食材 2人份 烹調時間：5分鐘

・糙米飯 1碗　・新鮮櫻花 適量　・鹽巴 櫻花重量的3%

作法

1 將櫻花泡入水中，輕輕清洗，換水2～3次。

2 將水瀝乾，均勻撒上鹽巴，放入冰箱冷藏2天。

3 將櫻花取出，用紙巾將水分吸乾，再放到飯上即完成。

Kcal 283／蛋白質（g）6.6／脂肪（g）2／碳水化合物（g）60.1

藜麥糙米飯

藜麥是一個很營養的食材，
可以放在飯裡面煮，
也可以灑在沙拉上或是做成
漢堡排，都是補充營養的
好方法喲！

Kcal 178.3 ／蛋白質(g) 4.7 ／脂肪(g) 1.6 ／碳水化合物(g) 36.7

食材 2人份 烹調時間：20分鐘

• 藜麥 20克　• 糙米飯 200克

備料

• 粗洗：將藜麥放入鍋中，加入自來水、用手快速攪拌一下後將水倒掉。
• 濾洗：於鍋中再加入自來水，將藜麥倒到濾網上。
• 將裝有藜麥的濾網放倒水龍頭下沖洗2～3分鐘。
• 將濾網朝下，用水將濾網上的藜麥沖到鍋子內。

作法

1 將洗好的藜麥放入鍋中，加入高度3倍的水煮15分鐘。將水瀝乾，放入冰箱冷藏可保存4～5天。

2 將煮熟的藜麥拌入煮熟的糙米飯中即完成藜麥糙米飯（比例為飯：藜麥3:1）。

Memo

• 備料步驟1可能會倒掉一些浮在水面上的藜麥沒關係，因為那可能是殼。
• 藜麥煮過之後會長出可愛的白色尾巴。
• 可以將5天份的藜麥先煮好、瀝乾，放入冰箱冷藏，不論要拌飯、拌沙拉或是做漢堡排都可以直接使用喔！

台式玉米濃湯

Kcal 102.7／蛋白質(g) 10.6／脂肪(g) 2.3／碳水化合物(g) 10.3

食材 2～3人份 烹調時間：25分鐘

- 雞胸肉 100克
- 玉米粒 1/2罐
- 雞蛋 1顆
- 洋蔥 1/4顆
- 太白粉 2匙

備料

- 將雞胸肉絞成肉末、將洋蔥切小丁。
- 調製太白粉水：將太白粉放入碗中，加入2大匙冷水拌勻。

作法

1 平底鍋內倒入適量油，加入洋蔥炒香。加入雞胸肉末，炒到雞肉熟成。

2 將洋蔥、肉末、玉米粒倒入湯鍋中，再加入600ml冷水，煮到沸騰後。轉小火煮15分鐘，倒入太白粉水拌勻。

3 先朝同一方向攪拌湯，再於鍋邊慢慢倒入蛋液即完成。

食材

2人份　烹調時間：50分鐘

- 排骨 150克
- 白蘿蔔 1/3根
- 玉米 1根
- 鹽巴 .... 適量

玉米排骨湯

作法

1 玉米、白蘿蔔切塊備用。排骨放入湯鍋中，加入600ml冷水蓋過排骨，加熱到沸騰。將水倒掉，用冷水沖洗排骨。

2 將排骨再放回湯鍋中大火煮到沸騰，轉小火再煮20分鐘。加入白蘿蔔、玉米煮15分鐘，再加入鹽巴調味即完成。

Kcal 197.9／蛋白質(g) 11.8／脂肪(g) 12.2／碳水化合物(g) 11.5

肉骨茶湯

Kcal 205.4／蛋白質(g) 15.5／脂肪(g) 5.5／碳水化合物(g) 2.5

食材 4人份 烹調時間：75分鐘

- 排骨 300克
- 乾香菇 5朵
- 金針菇 適量
- 豆皮 適量
- 大蒜 8顆
- 白胡椒 適量
- 醬油 2大匙
- 肉骨茶滷包

作法

1 乾香菇泡入水中變軟，備用。取一鍋裝冷水、排骨，加熱至沸騰，再滾煮1分鐘後將排骨撈出，用冷水沖洗乾淨。

2 取另一鍋，加入1200ml冷水、醬油、肉骨茶滷包（超市有售）、排骨、香菇、帶皮蒜頭（蒜頭不剝皮，湯會比較清，因為湯燉了1小時後蒜頭會糊掉）。

3 大火煮至沸騰後轉小火、蓋上鍋蓋煮1小時。開蓋加入金針菇、豆皮、白胡椒煮滾即可。

南瓜濃湯

Kcal 225／蛋白質(g) 4.4／脂肪(g) 11.6／碳水化合物(g) 30

食材 3～4人份　烹調時間：25分鐘

- 南瓜 1/2顆（550克）
- 洋蔥 1/2顆
- 鮮奶 200ml
- 鮮奶油 適量
- 橄欖油 2大匙
- 水/高湯 300ml
- 鹽巴 適量

作法

1 南瓜切薄片、洋蔥切小丁。平底鍋中倒入橄欖油，加入南瓜及洋蔥炒軟。加入水/高湯，蓋上鍋蓋煮至軟爛後放涼。

2 鍋中材料放入調理機中打成細緻泥狀。將南瓜泥放回鍋中，加入鮮奶後小火滾煮15分鐘，以鹽巴調味。鮮奶油點綴即完成。

3 用湯匙將鮮奶油滴在南瓜濃湯上（用滴的比較漂亮）。再用竹籤（或牙籤）從第一滴鮮奶油前，往第一滴鮮奶油中央開始劃過每一滴鮮奶油。

香菇雞湯

Kcal 110／蛋白質(g) 11／脂肪(g) 5.4／碳水化合物(g) 6.3

食材 3～4人份 烹調時間：40分鐘

- 帶骨雞腿 1隻（約150克）
- 乾香菇 5朵
- 薑 3克

作法

1 薑切片；雞腿切塊；乾香菇泡水直到變軟，並將蒂頭剪掉。取一鍋裝冷水、雞腿，加熱至沸騰。

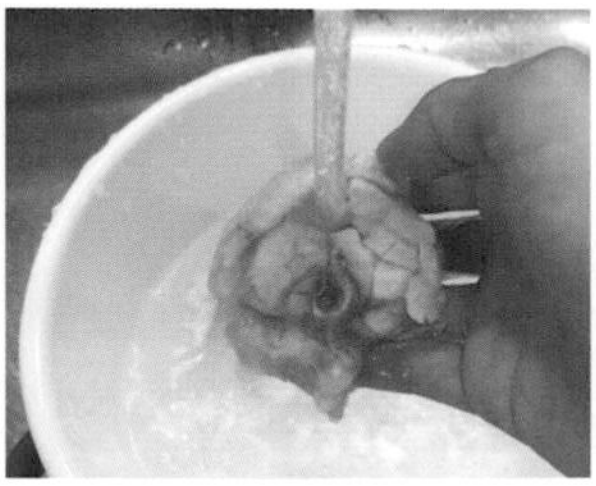

2 再滾煮1分鐘後將雞腿撈出，用冷水沖洗乾淨。

3 取另一鍋，加入600ml冷水、雞腿、乾香菇、薑煮至沸騰後，轉小火再煮30分鐘即完成。

麻油雞湯

食材 4人份 烹調時間：45分鐘

- 帶骨雞腿肉 300克
- 秀珍菇 適量
- 薑 50克
- 黑麻油 2大匙
- 米酒 300ml

作法

1 雞腿切塊、薑切片，備用。平底鍋中倒入黑麻油（切勿用大火，油易變質）。加入薑片，以小火慢煎至乾乾焦焦的（一定要煸到乾乾皺皺的，香味才夠）。加入雞腿肉，炒到表面熟成。

2 加入米酒、秀珍菇，小火滾煮20分鐘。加入300ml冷水，再煮10分鐘即完成。

Kcal 194.9／蛋白質（g）13.5／脂肪（g）15.4／碳水化合物（g）0.01

番茄蛋花湯

Kcal 171.3／蛋白質(g) 9.1／脂肪(g) 9.9／碳水化合物(g) 14.5

食材 2人份 烹調時間:25分鐘

• 番茄 2顆 • 雞蛋 2顆 • 蔥 2支 • 洋蔥 1/4顆 • 香油 適量 • 鹽巴 適量 • 白胡椒 適量

作法

1 雞蛋打成蛋液。蔥切段、洋蔥切細絲、番茄切8等份。平底鍋內倒少許油，加入洋蔥、蔥白炒香。加入番茄炒到軟化。

2 將平底鍋內食材倒入湯鍋中，加入800ml冷水煮到沸騰後關火。

3 沿著鍋邊淋上蛋液，靜置30秒勿攪動，讓蛋液定型。再加入蔥綠；撒上鹽巴、胡椒、香油即完成。

蛤蜊湯

食材 2人份　烹調時間：15分鐘

- 蛤蜊 200克（約15顆）
- 薑 15克（約7片）
- 九層塔 適量
- 米酒 1大匙
- 鹽巴 適量

作法

1 蛤蜊泡入50度溫水中，靜置10分鐘吐沙。將薑切片、九層塔取葉子部分。將蛤蜊、600ml冷水放入湯鍋中加熱（蛤蜊放入後勿攪拌），蛤蜊一打開就撈出備用。

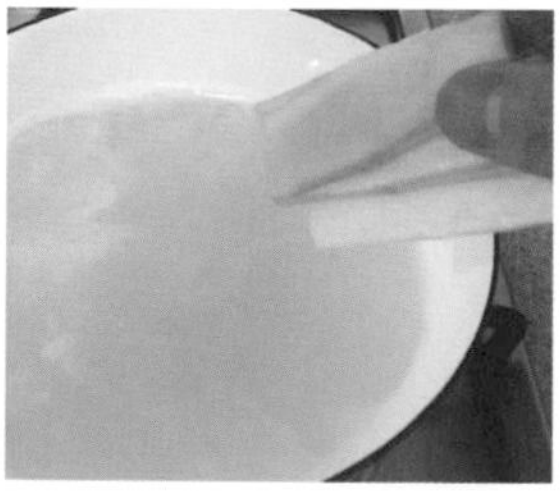

2 蛤蜊全部撈出後關火，加入米酒、薑片（薑不需太早放入，薑味太濃會搶了蛤蜊的鮮甜。）將蛤蜊放入湯碗中，加入九層塔、倒入湯汁即完成。

Kcal 24.6／蛋白質（g）5.1／脂肪（g）0.3／碳水化合物（g）1.8

鮭魚味噌湯

Kcal 161.8／蛋白質（g）17.1／脂肪（g）5.1／碳水化合物（g）13

食材 2～3人份 烹調時間：25分鐘

- 鮭魚 1片
- 豆腐 1/3盒
- 白蘿蔔 1/3顆
- 洋蔥 1/4顆
- 蔥 1根
- 味噌 40克
- 柴魚高湯 600ml

作法

1 將鮭魚骨頭放入平底鍋中，逼出油脂（可不用放油，減少油脂攝取。）再加入洋蔥炒香。

2 將平底鍋中的食材倒入湯鍋，加入柴魚高湯、白蘿蔔，小火滾煮15分鐘。

3 加入鮭魚、豆腐、味噌（味噌先用溫水拌開，味噌是發酵後的食物，長時間滾煮會變酸，因此最後放。）煮到鮭魚熟成，撒上蔥花即可。

羅宋湯

Kcal 227.2／蛋白質（g）14.9／脂肪（g）11.1／碳水化合物（g）20.2

食材 2～3人份 烹調時間：75分鐘

- 牛肋條 200克
- 牛番茄 2顆
- 紅蘿蔔 1根
- 西洋芹 2根
- 洋蔥 1顆
- 迷迭香 適量
- 黑胡椒 適量
- 鹽巴 適量

作法

1 牛肋條切小塊、洋蔥切小丁、牛番茄對切六等份再切半、紅蘿蔔、西洋芹切小塊。將牛肋條放入平底鍋中煎到表面焦黃，取出備用。

2 加入洋蔥、紅蘿蔔、西洋芹炒香。再加入番茄、迷迭香，將番茄炒軟。

3 將所有材料倒入湯鍋中，加入牛肉、800ml冷水，小火燉煮1小時後加入適量鹽巴、黑胡椒調味即完成。

青醬

食材 烹調時間：8分鐘

- 松子 20克
- 羅勒（或九層塔）30克
- 大蒜 1顆
- 帕馬森乳酪粉 1大匙
- 鹽巴 適量
- 橄欖油 2大匙

作法

1 將羅勒洗乾淨、擦乾（或風乾）。將松子放入平底鍋中，小火翻炒到油脂和香味出來。

2 將羅勒、松子、大蒜、橄欖油放入調理機中打成醬。

3 加入帕馬森乳酪粉、鹽巴打勻即完成。

Memo

- 羅勒的味道會比較溫和，九層塔會比較強烈。
- 松子炒過比較香，需要不斷翻炒才不會燒焦。也可以用其他堅果替代。
- 不用打的太細，太細容易氧化變黑。用乾淨玻璃瓶裝起來可以保存2週，不加水可以保存比較久喔！

辣油

食材 烹調時間：8分鐘

- 乾辣椒 20克
- 花椒粒 20克
- 蔥 2根
- 辣椒 1根
- 薑 10克
- 白芝麻 適量
- 油 12大匙

作法

1 將乾辣椒放入平底鍋中烘乾。將烘乾的乾辣椒、花椒粒放入調理機中打碎，取出放入碗中，加入白芝麻備用。

2 於平底鍋中倒入油，加入蔥、薑、辣椒，中小火炸到乾乾的。

3 步驟2的油趁熱沖入步驟1的碗中即完成。

Memo

步驟1，主要是將乾辣椒烘的脆脆的，比較好打碎，建議用小火，因為乾辣椒很容易燒焦變苦。

柴魚高湯

食材 烹調時間：7分鐘

- 柴魚片 25克
- 水 300ml

作法

1 燒一鍋水。

2 水沸騰時加入柴魚片。

3 水再次沸騰時關火，靜置30秒。用濾網將柴魚片濾掉即完成。

Memo

柴魚高湯可以用在很多日式料理上，可以一次多煮一些，分裝放入冷凍庫備用。

一週便當菜與採買計畫

用10種食材做多樣化的一周便當菜

相信很多人在做便當時都面臨一個困境，就是不知道要買多少菜才夠，買太多吃不完、買太少又不好煮。現在，利用書中的幾道主食和配菜，幫大家示範一周便當菜搭配！這些多樣的變化，總共也只使用了10種食材喔！懶得思考要煮什麼的時候，就參考這張計畫表，按表採買製作，輕輕鬆鬆、食材不浪費！明蒂也會在FB和IG上不定時幫大家規畫一周便當菜喔！

	MON	TUE	WED	THU	FRI
主食	川味辣雞 P.62	泰式打拋豬 P.44	青醬雞胸義大利麵 P.82	糖醋里肌 P.144	胡椒炒蝦 P.102
配菜	和風涼拌龍鬚菜 P.216 紅蘿蔔厚蛋 P.192	麻油薑絲龍鬚菜 P.216 蔥燒豆腐 P.195 太陽蛋 P.191	和風涼拌龍鬚菜 P.216 黑胡椒洋蔥圈 P.207 蝦仁炒蛋 P.190	麻油薑絲龍鬚菜 P.216 溏心蛋 P.186 香煎蛋豆腐 P.194	和風涼拌龍鬚菜 P.216 蛋絲 P.181 奶油炒甜椒 P.204
常備醃漬	梅漬小番茄 P.212				

一周採買的食材份量（一人份）

- 雞肉、雞腿和雞胸……各150克
- 彩椒……各1/2顆（青、黃、紅）
- 洋蔥……1顆
- 豆腐……1盒
- 豬里肌……150g
- 蛋……5顆
- 小番茄……18顆
- 蝦子……14隻
- 胡蘿蔔……1根
- 龍鬚菜……500克

國家圖書館出版品預行編目資料

明蒂的日日便當：IG 超人氣碩士女孩的 135 道
快速 X 減脂 X 超好吃料理
初版 .-- 臺北市：三采文化，2019.08
面：公分 .—(好日好食：48)
ISBN 978-957-658-204-2

1. 食譜 2. 減重

427.1 108010339

好日好食 048

明蒂的日日便當

IG 人氣碩士女孩的 135 道快速 X 減脂 X 超好吃料理

作者｜ 明蒂 Mindy
副總編輯｜ 郭玫禎 責任編輯｜ 陳貞蓉
美術主編｜ 藍秀婷 封面設計｜ 池婉珊 內頁排版｜ 周惠敏
專案經理｜ 張育珊 行銷專員｜ 呂佳玲 營養審定｜ 邱敏甄

發行人｜ 張輝明 總編輯｜ 曾雅青 發行所｜ 三采文化股份有限公司
地址｜ 台北市內湖區瑞光路 513 巷 33 號 8 樓
傳訊｜ TEL:8797-1234 FAX:8797-1688 網址｜ www.suncolor.com.tw
郵政劃撥｜ 帳號：14319060 戶名：三采文化股份有限公司
初版發行｜ 2019 年 8 月 2 日 定價｜ NT$420
3刷｜ 2021 年 7 月15 日